让你在公司显得很能干的52种方法

[美] 罗斯·麦卡蒙（Ross McCammon）著
徐淑玉 廖春兰 译

中信出版集团 | 北京

图书在版编目（CIP）数据

让你在公司显得很能干的52种方法 /（美）罗斯·麦卡蒙著；徐淑玉，廖春兰译. -- 北京：中信出版社，2019.5 (2025.2 重印)

书名原文：WORKS WELL WITH OTHERS

ISBN 978-7-5217-0205-7

Ⅰ. ①让… Ⅱ. ①罗… ②徐… ③廖… Ⅲ. ①成功心理—通俗读物 Ⅳ. ①B848.4-49

中国版本图书馆CIP数据核字(2019)第042702号

让你在公司显得很能干的52种方法

著　　者：[美] 罗斯·麦卡蒙
译　　者：徐淑玉　廖春兰
出版发行：中信出版集团股份有限公司
（北京市朝阳区东三环北路 27 号嘉铭中心　邮编　100020）
承 印 者：北京盛通印刷股份有限公司

开　　本：880mm × 1230mm　1/32　　印　　张：7.5　　字　　数：125千字
版　　次：2019年5月第1版　　印　　次：2025年2月第8次印刷
京权图字：01-2019-1575　　广告经营许可证：京朝工商广字第8087号
书　　号：ISBN 978-7-5217-0205-7
定　　价：42.00元

服务热线：400-600-8099
投稿邮箱：author@citicpub.com

前言

这本书要告诉你什么？

让我来猜猜看你是个什么样的人。如果我说得不对，我向你道歉，我误解了你，希望你无论如何也要看完这本书。如果我说对了，那么，显然我有点儿神奇。

我猜，你是个不错的人！

总之，我就是这么认为的。你聪明、有才华、心怀抱负，但却做不到尽善尽美；你认为自己不具备竞争“优势”，“人脉”、资源乏善可陈；你没有“出身名门”，感觉自己就像是跑马场上的赛马；你也不是首席执行官的亲信，当事情不“乐观”时不能依靠裙带关系来解决；你并没“结识”多少“重要人物”。

你是个门外汉。

而这种门外汉的身份让你感觉不安。求职面试时你缺乏“信心”，做“陈述”或“演讲”时你不知所措，在“重要餐会”上点菜时你也犹豫不决。

你会觉得我用了这么多引号“有点傻”。

但重要的是，你要知道其实这些描述也通通都可以用在我自己身上。我很聪明，算得上有才华，也有一定的理想抱负，但当我 2005 年意外地（在我看来，应该是奇迹般地）接到《时尚先生》杂志的电话，让我去面试编辑职位时，我真觉得自己不能胜任。我那时任职于美国西南航空公司的杂志（航空杂志界的《时尚先生》），有北得克萨斯大学（号称得克萨斯州东北部或俄克拉何马州南部地区的哈佛大学）的文凭，在某种程度上认识些重要人物，但他们都在达拉斯（而至于纽约，我几乎没有什么重要人脉）。

我以为，以我的条件我在纽约的职业生涯一定会以失败告终，因为我并不是合适的人选，也配不上那样的工作。我是个冒牌货，一个月之后他们就会发现的。（**这里有一条法则：工作时间不满一个月，不足以让你看清一个人。你看到的很可能只是他伪装的样子，而不是他真实的样子。**如此便能解释你为什么会看到他在洗手间里盯着奢华的电子水龙头半天不动，直到有会操作的人走了过来。）

“冒名顶替综合征”这个词是在 1978 年出现的，来源于佐治亚州立大学的心理学家保利娜·克兰斯和苏珊娜·艾姆斯，最初主要见于精英阶层女性，但后来也应用于男性，且应用程度不亚于女性。它会给你带来三种感觉：你不如别人想象的那般成功；你的成功得益于你的好运；就算你取得了成功，也并没什么了不起的。

从一开始，心理学家就在研究和探讨可能导致“冒名顶替综合征”产生的原因。它到底是一种性格特点还是一种心理状态？到底是环境所致还是植根于我们的成长方式？还是它仅仅反映了人们心理上的焦虑感？抑或是抑郁感？那些自诩为“冒牌货”的人们是否真如有些研究者所说，实际上要比他们表现出来得更为自信？他们是否运用了“自我表现策略”，或有意或无意地，让自己显得格外谦逊，以降低别人对他们的期待？

本书不是要分析人们为什么会产生“冒牌货”的感觉，而是要告诉你这种感觉真实存在。

很多人都有这种感觉。

索尼娅·索托马约尔（美国最高法院法官）：“我成为法官的第一个月深感恐惧……无法相信竟然顺利度过了！感觉自己简直就像个厚颜等待命运裁决的冒牌货。”

凯特·温斯莱特（英国女演员）：“有时候，我早上醒来，出发去拍摄，然后就在想，我做不到，我是个骗子。”

查克·洛尔（《生活大爆炸》《好汉两个半》的编剧兼制片人）：“当你看到你写出来的那些东西正在被排练时，你会觉得想吐。自然而然地，一种感觉就产生了：‘我是个令人厌恶的人，是个骗子。我要去躲起来。’”

亚历克西斯·奥哈尼安（美国知名社交新闻论坛网站 Reddit 的联合创始人）：“我不知道自己在做什么，真是太可怕了。”

蒂娜·菲（美国剧作家、喜剧演员和制片人）：“那种狂妄自大才刚冒出来，你还没来得及得意一小会儿，脑海里就划过一个念头——你是冒牌货。”

梅丽尔·斯特里普（美国女演员）：“我就会想，别人为什么会想在电影里再看到我？我又不会演戏。那我为什么还要干这个呢？”

我刚到纽约时，和那些同事都不一样，显得格格不入。我衣着不得体，不认识任何重要人物，不懂商务午餐规则，甚至不会在酒吧点酒水。（此时，你可能正在质疑我打扮自己和养活自己的能力，请原谅。）我不知道如何在这样的知名杂志社工作，也不知道如何在纽约这样的大城市生活。

但在纽约工作了几个月后，我发现了一个真相，我越来越清楚地认识到：我身边的每个人都是冒牌货，都有缺乏安全感的时候。只是我认为，这种缺乏安全感并不会拖后腿，反而会成为那些有志之士取得成功的助力。根据韦恩图的原理，当困窘与雄心交叠时，就会产生巨大的能量。除此之外，一些看似奇怪的举动也会蕴藏着这样的能量。

超级重要法则：每个人都有行为怪异、精神紧张的时候。不管他多么赫赫有名，地位多么举足轻重，这都无法避免，尤其是那些看起来总是自信满满的人。

我开始明白，成功与否不仅仅取决于你的才能和行为举止。我最尊敬的那些人，也不见得就比我聪明多少、勤奋多少（但相信我，他们都是才华横溢、工作努力的人），他们只是更擅长于“显得”比别人优秀。他们举止得当，表现得体。他们的成功似乎在于他们能够更得心应手地运用这些成功之道，且看起来令人觉得他自信满满。

随着我遇到的有意思的人越来越多（因为工作关系，这些人里有同行，也有著名演员和音乐家），我逐渐认识到：其实大部分所谓的成功准则并不起作用。你不必“推销”自己，不必建立“关系网”，也不必 “正确” 穿衣（尽管它能给你加分）。但是你得明白，为什么人们需要这么做。你得表现得公正不阿，即使你并不知道发生了什么事——不管是在会议室、在商务餐桌上，还是在下班后的酒吧。

同时，我也认识到：问题的根源不是你不懂那些职场交往规则或技巧，而是你不懂如何来掩饰自己的不足之处。

这是本关于成功的书。我从我的视角看待成功，我不想提出某种“体系”或“哲学”。关注如何得到一份工作，不如关注如何应对面试；关注如何战胜对公共演讲的恐惧，不如关注如何走上演讲台。这本书更关注战术，而不是战略。它不是要告诉你“是什么”，而是要告诉你“怎么做”和“谁来做”。

本书看似谈的都是些不起眼的小事，实则不容小觑，原因有三：第一，这些小事如果处理得不好，带来的心理焦虑可造成严重后果（事实上这种焦虑完全可以避免）；第二，这些小事象征着你的优秀品质以及严谨的处事态度，可以体现出你的做人准则、奉献意识和细心程度；第三，这些小事具有极强的实用价值——它们会教你如何让身边的人感到轻松愉快，如何快速地给别人留下好印象，以及如何弥补失误等。

我的整个职业生涯都痴迷于研究这些小事——从杂志故事的措辞表达到商务午餐开始时的握手寒暄——研究它们怎样才能让人难忘，怎样起到以小见大的作用，产生重要的影响力，并且为我们带来利益。

“冒名顶替综合征”不需要克服，这也不是一件你“假装”它不存在就可以逃避的事情，而你也不能“把假装的成功当作真正的成功”。是的，你需要利用恐惧感来成就自己。你的门外汉身份、你的错误都值得你欣然接受。为了更接地气，你不得不认真对待职场中的这些小规矩。

CONTENTS 目录

·1·

首先，一则小故事

2005年5月16日，星期一

那天午饭后，我回到了办公桌前。我的办公室在办公大楼东北侧的二楼。这栋办公大楼地处达拉斯和沃思堡之间的郊区，位于一个不起眼的商业园中。我是一名年轻的编辑，供职于美国西南航空公司的航空杂志《精神》。刚吃午餐时，我要了一份"福乐鸡"快餐店打包的大号三明治，在开车回来的途中吃了它。对于当前的状态，我不甚满意——不管是三明治，还是我在达拉斯郊区的这份工作。

回来后，我发现电脑键盘上赫然放着一张字条。虽然我不认识字条上的人名，但他所属的那家传媒公司，我却是知道的。此外，字条上还有一个纽约的电话号码。

我觉得很奇怪，因为那家传媒公司是赫斯特——一家顶尖的传媒集团，总部位于纽约。它旗下拥有多种各大报刊亭常见的杂志，包括《时尚》《嘉人》《好管家》《大众机械师》《时尚先生》等著名杂志品牌。

于是，我回了电话。

“我是赫斯特杂志国际集团的招聘主管，目前集团正在公开招聘编辑，我想和你谈谈，不知你对这个职位是否感兴趣？”电话那头说道。

我顿时蒙了。眼下，我有份相当不错的工作，我供职的《精神》杂志在美国的 9 或 10 家航空杂志中都是数一数二的。哦，不对，是 7 家。客观地说，30 岁的我算是个成功人士。但是，对于赫斯特来讲，我却只是个微不足道的小人物。《精神》与《时尚先生》相比，简直是小巫见大巫。

所以，当招聘主管说想和我谈谈的时候，我简直不敢相信。后来我才知道，原来他周末乘坐西南航空公司的航班由费城飞往匹兹堡，在飞机上看到了一本航空杂志，读到了我的文章，他觉得还不错。

当时，我的第一反应是：这不是小事！第二反应是：肯定是什么地方出错了！接下来，第三反应是：绝对是弄错了！

我这人就是这样：每当机会靠近的时候，我就会“犯病”，头脑一阵眩晕，且心生疑惑，从心理上产生抗拒感。（“流浪者合唱团”有这样一句歌词：“不是每个人都喜欢汽油味。”没错，比如我。而机会给我的感觉就好比汽油，令人排斥，尽管它同时也会令人欣喜。）和那个招聘主管通话的时候，我正是这种感觉。在大概15分钟的时间里，他问了我很多尖锐的问题，都是关于我的工作和杂志的。接近尾声时，他说了一些模棱两可的话，可是每一句都恰到好处。所有的面试筛选谈话都是这样，不会给出明确答复，让人猜不出结果。事实上，这是对招聘人员职业素质的要求，他们在工作中必须做到谨言慎行。（就像联邦反歧视法会出于谨慎考虑，禁止在招聘时问某些问题一样。）

通话持续了快20分钟了，但基本上都是他在问我问题。终于，我忍不住了，直接开口问他：“您的意思是……”

如果你能观察到我当时的大脑思维活动，就会发现那一瞬间我的脑海中急切地重复着一个声音：“请说《时尚先生》！”

“《时尚先生》有一份工作，你可以试试。”他说道。

谢天谢地，他说了！可是那一刻，我又“犯病”了。来自得克萨斯州和肯塔基州的祖辈们长久以来因卑微、贫苦和绝望而形成了一种本能的防御性心理，这种防御基因很可能遗传到了我的身上，导致我现在不自觉地开启了心理防御，立即认为眼前的事情就是一个骗局，从而抗拒这个明显乐观的职业发展机会，无法坦然地接受它。好好的机会就这样在我这里变了味。我在谷歌上输入了“杂志招聘骗局”，因为我觉得这件事有点像电影《你整我，我整你》（又名《颠倒乾坤》）里的情节。给我打电话的那个家伙就好比是莫蒂默公爵（由唐·阿米契饰演），主编是兰道夫公爵（由拉尔夫·贝拉米饰演），而我就是那个为了讨口饭吃，假扮成残疾人沿街乞讨的黑人流浪汉比利（由艾迪·墨菲饰演）。我想知道自己是否被“整蛊”了。（用“整蛊”这个词儿既能凸显年代感，又能告诉大家似乎我以前经常看音乐电视频道艾什顿·库彻主持的《明星大整蛊》。确实，我以前常看，而且至今还看。）

“鬼才信呢！浑蛋！”我拿开话筒嘟囔了一句。（请注意：我差点儿就要对着话筒说出口了。）虽然这是我期待的答案，但我还是不敢相信。

这会儿听到他说《时尚先生》的时候，我突然想起了之前他问过我的一个问题——“如果让你来赫斯特杂志国际集团工作，你会选择哪份杂志？”（这是招聘者经常会问的一个问题——迫使你对自己做出判断，到底适合什么工作。）我的回答是《时尚先生》，就跟《雾都孤儿》里奥利弗说“先生，请多给我点儿”一样，语气里带着乞求和不确定。

所以，当他真的说让我去《时尚先生》工作时，我就像个大男孩一样，丝毫掩饰不住自己的兴奋：“真的?！”但同时，我对自己深表怀疑。

“你下周一能来纽约面试吗？”他问道。

《时尚先生》多年来一直是我最喜欢的杂志，也是后来我自己做杂志时效仿的榜样。我从不敢想象自己会在那里上班。“最后还是会以失败告终吧，”我想，“就算主编没有因为我简历上的毕业院校名称里带了个‘北’字而回绝我，我也会自己搞砸面试吧？没有人会像我这样：我会把咖啡洒在主编的桌子上；我会忘记穿袜子（多年之后，我才发现原来不穿袜子竟是潮人们追求的时尚）；我会连‘Esquire’的发音都发不好，说得就像西班牙男演员哈维尔·巴登似的；我会莫名其妙地对着植物小便。更糟糕的是，我会记不住大家的名字，说话总是说得太快，甚至连握手寒暄这样的小事都做不来。”

这种自动崩溃的心理是我的惯例。我从不曾有“能胜任工作”的感觉，有的只是“与工作死磕到底”的劲儿。我觉得这份工作就像是对我的嘲讽，提醒我别忘了自己是在达拉斯长大的，过着错轨的人生；别忘了自己孩童时期都是与一帮下层社会的孩子玩各种低级的游戏，从来没有参加过什么正式的比赛；别忘了自己在学校时成绩差得可怜；别忘了七年级时每天被一个叫不上名的、从没和我说过话的孩子踢屁股；别忘了我的妈妈——从我三个月大就独自拉扯我长大——因为她儿子被踢屁股也没人管而带我离开了那个令她觉得危险的公立学校，之后便把我送进了一所很小的福音私人学校，理由只是这所学校离家近；别忘了老师们总是“为我祷告”，因为我似乎没有“接受耶稣为我个人的救主”；别忘了我毕业的班级只有8个学生——只有8个；别忘了尽管我成绩差，但我却是这个8人班级的毕业礼致辞代表——那可是毕业礼致辞代表啊——实际上我只是个临时代表，因为本该在毕业礼上致辞的那个孩子在毕业前夕因行为失当而被学校开除了；别忘了我上的是北得克萨斯大学，而不是得克萨斯大学；别忘了我供职的是航空杂志，而非报摊上的主流杂志。招聘主管向我提供了一个华丽的大舞台，却不知道我从未登上过这样的舞台。我从来不是不可或缺的那个人，相反，我是那么的微不足道。接受挑战，比如周一去纽约面试，也只会让我的微不足道更显眼而已。

幸运的是，面对职业生涯中的这次挑战，我选择了迎接，而不是逃避。

虽然我几乎可以确定自己在行为表现上一定会犯各种错误——尤其是在赫斯特这样一个员工行为规范堪称权威的公司，但我还是给出了我该给的唯一答案。当机会在向我们召唤，挑衅地问我们有没有胆量去迎接更大的成功并等着嘲讽我们时，我们必须这么回答。

我不记得到底是怎么回答的了，总之我是答应了，因为一周以后，我就出现在了“商人”大门那里。那是位于中央公园西南角的一个入口门，正对着哥伦布圆环，离赫斯特办公大楼只有一个街区。在5月的那个美好的周一早晨，我倚靠在门上，温习着前一天晚上准备的10页资料，都是关于面试可能会遇到的问题以及回答，感觉自己就像在扮演诺拉·艾芙隆电影中的某个角色。

那天的面试，我去得很早，穿着我最好的鞋子，系着领带。我——等等，我忘记穿西装了。

我应该穿的。

为什么我就没穿呢？

·2·
你应该继续读这本书吗？

以下问题，请圈出符合你实际情况的答案，然后将所得分数相加，看看你是否应该继续读这本书。

1. 你是如何读完前两节的？

A. 如饥似渴地读。（5 分）

B. 略读。（4 分）

C. 当作临时消遣读物来读。（2 分）

2. 你最有可能以哪种方式走进面试的房间？

A. 昂首阔步地走进去。（0 分）

B. 悠闲散漫地走进去。（3 分）

C. 鬼鬼祟祟地走进去。（5 分）

3. 你的母校是常春藤盟校之一吗?

A. 是。（-8 分）

B. 否。（2 分）

4. 如果你的母校是常春藤盟校之一,它的建筑是否真的被常春藤所覆盖?

A. 是。（-15 分）

B. 否。（0 分）

5. 你有注意到以下事项吗? 圈出所有符合的选项。

A. 你的伞是什么颜色？（-4 分）

B. 你的奶酪放在哪儿了？（-4 分）

C. 你是否正倾身向前？（-4 分）

6. 以下哪项是你在工作场合本想说“谢谢”,却由于紧张而不小心说错时的表达?

A. “不用谢。”（2 分）

B. “没关系。”（4 分）

C. “就是你。”（6 分）

7. 以下哪项是你在工作中经常做的？

A. 咬手指甲。（3 分）

B. 哭泣。（4 分）

C. 边哭泣边咬手指甲。（10 分）

8. 你被录用了！对此你的反应是什么？

A. “我就知道会这样！”（-7 分）

B. “糟了，完蛋了！”（5 分）

9. 在以下方框里快速地画一艘船来代表职业旅途中的你。

10. 你上面画的是什么船？

A. 快艇。（0 分）

B. 游轮。（-10 分）

C. 橡皮艇。（4 分）

D. 加勒比海盗船。（7 分）

E. 画船？对我有什么用？（-30 分）

11. 最有用的职场法宝是什么？

A. 雄心壮志。（-5 分）

B. 竞争力。（-6 分）

C. 眼神交流。（4 分）

D. 起钉器。（0 分）

E. 备用起钉器。（0 分）

12. 以下哪项最能形容你此时的嘴部动作？

A. 微笑。（0 分）

B. 公式化地笑。（-3 分）

C. 愁眉苦脸。（10 分）

D. 冷漠地假笑。（5 分）

13. 看过以上这些问题之后,你是否由假笑变为微笑了?

A. 你是怎么知道的?!(15 分)

B. 否。(0 分)

14. 来,我们笑一个吧!

A. 好的!(35 分)

B. 我不会笑。(0 分)

15. 现在呢? 笑一个如何?

A. 好吧,就笑一点点。(10 分)

答案

≤ 0 分: 你没有任何必要继续读这本书,但你的侄子可能正需要它。

1-20 分: 你应该大概地读一读。

> 20 分: 你可以跳过测试读下一章了。

·3·
如何应对面试

我不知道为什么我从没想过要穿西装去《时尚先生》面试。这在今天看来，简直是无法想象的事。尽管对我来说，西装外套和运动外套都一样，都是一层防护服，是为了掩饰里面皱巴巴的衬衫，但很显然，在《时尚先生》这样的地方，或者在其他任何配备小厨房的正规办公场所，穿上西装去面试才是明智之举，况且其他面试者也几乎都是穿着西装的。

我来自得克萨斯州的办公园区。在那里，没有人西装革履，甚至没有人穿运动外套配牛仔裤。人们大都穿着纽扣领衬衫和裤子去上班，有可能还会把衬衫掖进裤子里。

在前台签名登记的时候，我才逐渐意识到自己穿得有多不得体，更别说什么时尚了。

电梯嘎吱嘎吱地升到了 13 层，（13 层哪！）我的焦虑不安也随之不断升级。

走出电梯的那一刻，这种不安达到了极点。我迎面就看到墙上挂着一幅带框的海报，上面印的是 2005 年 7 月那期《时尚先生》的封面，封面人物是伊万 · 麦格雷戈。他似乎一直在盯着我看，让我越发紧张起来。

然后，我对天发誓，我看到了他对着我同情地摇了摇头。

再然后，我对天发誓，我看到封面上出现了一行字："这个笨蛋没穿西服来面试，等着瞧吧！"

再过了没多久，我就被叫进去了。

前两次给我面试的是《时尚先生》的二把手和三把手，也就是副主编和编辑部主任。那两次谈话是有史以来我觉得最棒的面试交谈，既能给彼此带来满满的能量，又能让彼此之间产生化学反应。我说的时候，他们听；他们说的时候，我听。他们看起来没什么特别，一点儿都没有社会精英的架子和傲气，给人的感觉既热情洋溢又平易近人。

随着谈话渐入佳境，我因着装问题而产生的不安感慢慢消失了。

我也慢慢知道了他们其实就是想通过谈话了解我的为人。很多时候我们都是在闲聊，他们并没有一味地盘问我，而是给我很多提示，引导我回答。比如：

那你是在航空杂志工作?

你喜欢住在得克萨斯?

你不喜欢穿西服?（这个问题他们并没问出口。）

我突然变得兴致勃勃起来，同时，也表现得无比坦诚和真实——面试时本不该这样的。

我整个人都放松了下来。

第二场面试结束后，我来到不远处的一家希腊餐厅，和一周前给我打电话的那位招聘主管一起吃午餐。这顿饭我印象深刻，因为我点了4道菜，包括酥皮点心。

“很爱吃油酥点心吧？”他问。

“超爱。”我回答。

哇喔！不管他会怎么看我，反正我就是爱吃。

吃完饭，我们一起走出去，他对我说：“别扯着脖子看这些高楼大厦了。”

“这家伙一定把我看成乡巴佬了。”我想。然后我环顾四周，心里不禁嘀咕：“这些楼的确是高啊！”

关于和主编的会面，我记得的不太多了，只记得当时他直接搬了把椅子在办公桌前坐下了，这样显得我们的地位似乎平等了些，这点我觉得他做得真不错。还记得他当时问我最近读了什么书，我说是《引爆流行》，其实我只读了四分之一。我也如实告诉他了，真是像个傻瓜一样。他又问我看不看电视，我回答“看”。

这回我变聪明了。

我记得谈话一开始并不顺利，我还在心里骂了脏话。但接下来谈话就变得越来越舒服自在了，就好像我们是老朋友，在酒吧喝酒聊天一样。这不仅仅是谈话，更是一种精神享受。什么我觉得自己不能胜任工作啦，不能满足职业需求啦，没穿西装外套啦，所有这些全都被抛到九霄云外去了。

我甚至觉得自己就算穿短裤来面试也不会有问题。因为，如果我是他要的那个人，那么这个位置就非我莫属！

谈到最后，我越来越放松、无所顾忌，竟然对他说出了这样的话：“如果你现在将我扔出你的办公室，这一定会是我有过的最精彩的经历。”

（我可以告诉你的是，再过10年，在有过无数次面试和被面试的经历后，你会发现这样的话正是你该说的。你未来的老板正是从这样的话中看到了他想要的东西，比如你的谦逊、率真、热情和感恩之心。）

面试结束后，我兴高采烈地离开了，不是因为我认为自己一定会得到这份工作，而是因为回到家后我可以和大家分享这个不同凡响的故事；而且因为，我刚刚在我最喜欢的杂志社的办公室里待了几个小时。他们能考虑录用我，我深感荣幸。能有这样的经历，我心怀感激。同时，我也松了口气，幸好他们没有因为我的穿着而对我另眼相看，似乎他们并不在乎这些表面的东西。

我一路走回位于47街的酒店，开始收拾行李，我需要赶几小时后的飞机。我想可能要一个星期左右才会等到回复电话，或者永远都等不到。

但是，离面试结束还不到45分钟，我的手机响了。

212–……

纽约的号码。

649–……

是《时尚先生》！

我接起了电话，心想那人可能会跟我说，这是个误会，他打错电话了，他本来是想打给那个挺牛的年轻编辑里斯·麦德拉蒙德的。

打电话的人是主编。

“我希望你能来《时尚先生》工作。”他说。

此时，请默默地数到5。

……

这就是我听到后沉默的时间，一句话也没说。我患上了临时性闭锁综合征，就像是蹦极前的浑身麻痹，又像是在卡拉OK主动说要献上今晚的首唱，然后突然意识到自己会如何唱毁比吉斯乐队的《你的爱有多深》时的停顿犹豫。（唱的时候双手握着话筒，双眼微闭——我就是这样的。）这属于一种轻微中风现象。

终于，我打破了沉默，说了句："我太意外了！"（至少我认为我当时是那样说的。）

"好好考虑一下，给我回电话。"

下一件事，我记得就是在机场的酒吧里给我母亲打了个电话，努力克制着不让自己哭出来。

一些从拉瓜迪亚机场起飞的航班沿着曼哈顿一线出发了，就好像是飞行员自行决定的一样——"约翰逊，我不管指挥塔说什么，我们就要走这条观光路线！"而恰好，回达拉斯－沃思堡国际机场的航班就是其中之一。这一刻实在太令人振奋了：我的机票由于某种原因升成了头等舱，在起飞前还给我提供了几杯免费饮料；落日看起来就像20世纪50年代西部大片的背景，美不胜收。身旁有个家伙一直在喋喋不休地和我说着什么，但我却沉浸在这份巨大的喜悦当中无法自拔：我得到了一个大好机会，可以在纽约工作和生活！俯瞰窗外，整个城市的风光尽收眼底。

多么令人惊叹，多么不可思议的美景啊！

·4·
面试黄金法则，再加一条

虽然你们正在读的这本书是我写的“职场宝典”，但对于太过细化的职场建议，我通常是持怀疑态度的。我认为那些被奉为准则的商务社交指南有时会让我们变得过于机械化，而且它们往往千篇一律。职场中最珍贵的品质莫过于真实和坦率，可这也往往是面试时容易忽略的。现在想想，我真庆幸自己当初在面试时表现了真实的自我。但话又说回来，商务社交指南中有些行为方面的建议还是很有用的，起码能够让你在现场不那么慌张无助。

下面是大部分面试指南认为至关重要的黄金法则：

- 研究应聘公司的信息，了解他们目前的发展状况以及未来的发展方向。
- 练习回答面试的常见问题。

- 面试时带上你之前的工作案例、一支笔、一个记事本。还有，记得多带几份简历和推荐信复印件。
- 能够对“请介绍下你自己”做出较好的回答。
- 能够回答“你最大的弱点是什么”这样的问题，且答案不应该是“我工作太拼了”之类的吹嘘之词。（将重点放在那些需要进一步提高的能力上面，而且要让面试官知道你已经开始为此而努力了。）
- 回答问题时尽量举出具体的例子。
- 证明你是这个职位的合适人选。详述你的工作经历是如何符合新工作的岗位要求的。
- 准备好自己要问的问题。
- 不要谈钱。
- 表达感谢，手写的比电子邮件更好。

以上全都是非常好的建议，但有一条是面试专家鲜少提到的，那就是：不要欺骗。绝对不要伪装成你原本不是的模样。工作机会不能靠欺骗获得，需要与个人能力相匹配。我见过的最绝望无助的人莫过于那些在面试中伪装得很好，而在实际工作中就原形毕露的人。技能别人可以教你，但人品只能靠你自己了。一旦人品出了问题，你的同事和老板也无能为力。

此外，在面试快结束的时候，你可以考虑这么说："如果你现在将我扔出你的办公室，这一定会是我有过的最精彩的经历。"这么说会有用的，相信自己就好。

·5·

如何与招聘人员谈话

我总觉得由招聘人员进行的面试比未来雇主的面试更令人紧张不安，原因有三：一是他们总会提出一些你不能给出否定答案的问题。（“你有兴趣在你的职业生涯中再迈进一步吗？”）二是他们想即刻套出你极其私人的信息。（“你最近在做什么？”）三是他们结束谈话的方式模棱两可、不置可否，仿佛他们是谈判桌上经验丰富的外交官，或是你在“婚恋网”上认识后开始第一次奇怪约会的对象……又或是你在“婚恋网”上认识的经验丰富的外交官。（“所以，我想找什么样的人，你已有所了解；而你有什么样的工作需求，我也差不多了解了。之后我们会通知你结果。”）比起未来雇主的面试，招聘人员的面试往往包含更多的陷阱，也显得更为谨慎。当初招聘人员对我的面试就十分典型：充满了诱惑力却有点让人捉摸不透。

招聘人员不仅仅是在帮助雇主找人来填补职位空缺，他们也是在做自己颇感兴趣的事情：建立关系。他们心里清楚，目前的工作可能不大适合自己，未来可能需要另寻一份工作。因此，他们会把和你的谈话当成是情报搜集工作。他们想了解你，同时也想了解你目前就职的公司——薪资水平如何，内部的层级关系如何。这些信息会汇集到他们的情报库当中，那里有他们搜集到的关于你所在的这个行业及行业人才的全部信息。

写这本书的时候，是在《时尚先生》给我打第一通电话差不多10年之后。有一天，我与纽约媒体界的一名资深招聘人员一块儿吃午餐。期间，我们探讨了一个尚未备受关注的话题：招聘人员在职员职业发展中的作用。

那顿午餐对我来说意义非凡。它标志着我第一次与一个未被贴上“和蔼可亲且模棱两可”这种奇怪标签的招聘人员谈话。而且，我从中总结出了一些与招聘人员谈话的原则和建议。

- 不要迟到。尽管迟到了也无大碍，但真的，请尽量不要迟到。
- 通过招聘人员获取招聘经理的相关信息。因为招聘经理往往想要找一个跟他们很像或者跟他们完全不像的人。如果你有机会接受招聘经理的面试，这些信息将会起到作用。

- 向招聘人员提供有关你目前就职公司的雇主的信息。这会使你得到他们的青睐。当然，这也是他们给你面试机会的原因之一。
- 不要跟他们讲条件。否则，他们永远不会再打电话给你，因为他们很清楚你的意图。
- 向他们介绍你真实的职场经历。要坦诚地讲述你的真实故事。如果你适合这份工作，他们一定会考虑用你。
- 不要说你现任雇主的坏话。招聘人员很可能认识在那工作的人，而且对他们挺有好感，你这么做只会显得你小心眼儿。
- 谈谈你能如何为新公司效力，而不是新公司能如何有利于你的职业发展。
- 少谈你的丰功伟绩或明显的缺点，多谈一些介于两者之间的话题。
- 不要询问招聘人员的生活或工作情况，你才是谈话的主题。面试时，你可以让自己看起来自信满满，即使自恋一点也没问题。
- 对招聘人员表示感谢。
- 但不要送礼物。那样就有些过了，感觉像你在尽力弥补专业能力上的某些不足。
- 最后，请切记：真的不要迟到。

·6·
在面试里你该如何表现

回想一下我的面试，我发现我的紧张很大程度上只是因为我在为进入面试房间的那一刻而担心。在面试前的那几天里，我就一直在担心自己会给面试官留下不好的第一印象。在电梯里，当我意识到自己的穿着不得体时，我的焦虑就更严重了。更何况，我还可能赶上了最糟糕的时机。

过去10年间，关于第一印象的研究有很多。大多数研究表明，我们的担心不是没有道理的。第一印象非常具有影响力，而且这种影响力还不只是短期的。

关于面试的会面——第一印象的问题——其实是这样的：在很早的时候就已经决定了你的面试是成功还是失败，很早很早的时候。再早一点。不，甚至还要更早。

根据研究显示，人们会在第一次看到你的脸之后的几毫秒之内就形成对你的印象。以下这些会是你的加分项：合群、友善、自信、懂社交、会说话、有眼神交流、心理素质好以及有亲和力。而接下来这些则是你的减分项：羞怯、畏缩、逃跑、尖叫或者尖叫着逃跑。

事实上，我们是动物，总是在不断地嗅探，提防着危险，但同时也在寻找着盟友。我们能那么快对别人形成第一印象，很可能因为这是物种生存的需要。我们就像在森林边缘徘徊的小鹿，这儿看看，那儿看看。看，这里！还有，那里……嘿，老兄，我们还是回到森林里去吧，那儿比较安全。

但是，我们和小鹿、猫鼬、土拨鼠都不一样。我们形成第一印象的过程可谓细致入微。我们不仅仅是在判断危险性，还在判断亲和力、可信度、自信心、社会优势等。不管对方是什么人，我们都会这样来判断。我们非常擅长对别人形成第一印象，很清楚自己是“喜欢”还是“不喜欢”一个人。

所以，显然，第一印象很重要，是帮助你成功的大好机会。

现在，我们来讲一讲进入房间面试的问题。

这是件很容易的事情。如果你能准时，你清楚自己想从房间里的那些人那里得到什么，你知道他们的名字，你在谷歌上搜索过他们并查到了他们曾就读的学校，你在领英网（LinkedIn）上了解到他们本世纪初在工作上做过的几件富有争议的事情的话，那就没什么可担心的了。

进入一个陌生的房间面试，最大的问题就是你会产生大白天离开酒吧时的那种感觉，一切似乎有点过于明亮，让人难以抗拒，还有点令人心慌。就好像你身处在一个平行的宇宙空间，怎么也找不到洗手间在哪里。但是，不管你有多心慌意乱，这条原则都可以帮到你——告诉自己，这是你的地盘。接下来的30秒或1分钟，你就是这里的主角。即使这是面试官的房间，你依然是主角。即使你的薪水只有你打算握手的那个家伙的百分之一，你还是主角。你并不是唯一能够决定这个房间氛围的人，但你必须对此负责。

在这里我将要介绍一条适用于后续各章节的黄金法则：**眼神交流。不要往下看，不要往两边看，也不要直盯着别人的胸口看，仿佛要看进灵魂深处一般。要看着对方的眼睛。**研究表明，能保持良好的眼神交流的应聘者比其他应聘者更容易获得面试官的好感。眼神交流是面试能否成功的关键性因素。

通过眼神交流，我们可以获取信息，也可以暗示别人或得到别人的暗示，比如怎么行动、何时说话，还可以体现亲密感（即便是在职场上）。在被问到难以回答的问题时，人们通常会目光躲闪，避开提问者。这种目光的躲闪可以透露出一个人内心的不安、不确定和不知所措。而那些胸有成竹、自信满满、能对所谈之事畅所欲言的人往往懂得如何保持眼神交流。

不仅仅需要目光的接触，而且需要注视着对方，这点至关重要。面试时能直视对方的眼睛，至少有一半的时间做到如此，会让你看起来更优秀、更自信。现在，请你对着镜子注视自己 **1** 秒钟。再来一次，但这次请坚持 **5** 秒钟。然后你会发现，你更信任第 **2** 种情况中的自己，感觉更舒服一些。你甚至会冲他眨眼睛。更重要的是，你注视自己的时间一长，你就喜欢上了自己。（但注视时间不宜过长。注视和瞪眼之间的区别很小，瞪眼和威胁之间的区别更小，而威胁和吓唬之间的区别简直微乎其微。）

所以，请一定要注意眼神交流。在你和别人握手之前，甚至在你微笑之前，你都得注意这个问题。

值得一提的是，通过眼神交流，面试官还能看出你是否具备另一项最容易被应聘者忽略的职业素质，那就是：好奇心。没有比它更容易被忽略的职业素质了。如果面试时你表现出了对某件事的好奇，或者对某个人的好奇（这样更好），那么，你就为面试打下了一个非常有利的基础。而且，早点定下谈话的基调是很有必要的，就算和工作无关也无所谓。我在《时尚先生》面试应聘者一般是在会议室，会议室位于曼哈顿中城区赫斯特大厦的 **21** 楼。大部分时候我会以这间会议室外的风景作为面试谈话的开场白。如果有应聘者对此感兴趣，或好奇地问起任何关于这座城市的问题，我就会把他带到窗边，给他快速地讲解他眼前所看到的景象：《地狱厨房》里的那一大片低矮建筑；萨利机长在哈得孙河河面迫降飞机的确切位置；头部已遭破坏的麦当劳大叔的雕像（他坐在第八大道那栋4层无电梯公寓楼顶的椅子上已有7年之久）；乍一看充满了乡村气息的新泽西州。这样的谈话内容多丰富有趣啊！多亏了有人好奇。

如果你是这样的应聘者，试问谁会不愿意与你共处一室呢？你亲切随和、落落大方，又充满自信，这个房间里的其他人都期待着和你打交道呢！

而你，此时甚至还没来得及坐下。

·7·

如何度过上班第一天

要是我在去《时尚先生》上班的前一天看过前面的内容就好了。

我的问题不是我表现得不合群、不热情，而是我根本没想到自己会表现得那么合群、那么热情。当我紧张兴奋时，会像很多人一样：行为举止不像自己，很可笑。我会过分地表现自己，在聚会上说太多话，甚至会问别人一些唐突无礼而自己根本不在乎答案的问题。

而且，我竟然还会在卫生间里向陌生人介绍自己。

去《时尚先生》工作之前，我的生活一直是忙碌而充实的。我是在一个星期一得到这份工作通知的，然后在周五正式接受了它。（注意：对于接受一份工作来说，等待这么长时间真的够长了。我不知道我在想什么，也许是想多争取点时间吧。虽然新老板想让我尽快开始工作，但我家里还有很多零碎的事情要处理，也得在纽约做一些安排。）一星期后，我便飞往纽约并打算在那里找一套公寓。之后我用了一个下午的时间看了 5 套公寓，最后决定租下最后那套。那是位于西八街一栋无电梯大楼 4 楼的公寓房，就在华盛顿广场公园往北一个街区。楼下有一家“迷夜”服装店（L’Impasse），专门经营晚礼服，准确地说，应该是脱衣舞的礼服。尽管有这个缺点，我还是定下了这套公寓。倒不是因为我喜欢它，而是因为在我看过的 5 套公寓里，只有这一套没有将厕所设在厨房里，或者有些什么其他的独属于曼哈顿下城区房屋的不合理布局，也是因为它是我看的最后一套公寓，我必须得做出一个决定。（现在看来，它确实是个很不错的地方。足够宽敞，一眼可以望到马克道格大街的尽头，地理位置优越，还能看到部分华盛顿广场拱门。但那个星期天的下午，我几乎没有时间来细品它的优点。）

我的朋友克雷格送我去的纽约。我们在周四离开了达拉斯，分别在田纳西州的诺克斯维尔和新泽西州的普林斯顿过了一夜，然后于周六一大早到达了纽约。城市很安静。西 8 街的所有店面都还关着门，防盗门锁得紧紧的。荒凉又悲戚的城市，看起来就像电影《出租车司机》里的场景。我们用了一天的时间搬进去。我一趟趟地下楼去搬东西，每去一次，街道都会变得更热闹拥挤些。“迷夜”服装店暧昧性感的背景音乐很响亮。时值炎炎夏日，一切闻起来多了一分刺鼻的味道。

后来，事实证明我挑的这个街区若算不上特别宜家的话，至少可以说是充满了生活气息。

周日早晨，我和克雷格一同下楼。他要去赶飞机，我则打算像纽约人一样，在阳光明媚的周末早晨做点什么：在华盛顿广场公园读《泰晤士报》？吃点百吉饼或者熏鲑鱼？还是莫名其妙地感到恼火？我也不知道。我们推第一道门的时候，感觉到了一股阻力。门没有锁，但有什么东西在挡着，打不开。我们往下看的时候，看到了一堆衣物，还有一只无力挥舞着的手，在示意我们离开。一个身形魁梧、看不出性别的人正以某种方式横在两道门之间。这两道门是出入公寓楼的必经之地。

我们小心翼翼地跨过那个人，然后走出了大楼。一来到人行道上，我们就互相看着对方，好像在说：“到底是怎么一回事？”（在接下来的几个月里，当这样的事情重复发生时，我就没这么小心翼翼了。我会走过去大声喊“早上好”，或者“走开”，或者“对不起，先生或女士，麻烦让一下”。刚去的头一年里，我遇到过好几次这样的事情。）

“迷夜”服装店大大的玻璃橱窗后，四个人体模特叉腰站着，衣着轻浮，面无表情，看着就像在嘲笑我们。

之后，我独自在附近的街道转悠，这还是头一次。我发现有很多人成群结队地走在街上。有些人还带着可折叠的草坪椅，看起来很奇怪。8街的街道两边都放置了障碍物，道路中间画了一条紫色的线，看起来像在标记什么路线。

街上人潮涌动。一回到楼上，我就立刻上网搜索了“8街6月26日事件”这几个字。

原来是纽约同性恋周的活动，为了庆祝同性恋争取权利斗争的胜利。在它的系列活动当中，最有名的就是从中城区到西村的同性恋游行。游行者们打扮得花枝招展，一路浩浩荡荡地前进。显然，游行队伍已经沿着这个街区游行好几个小时了。

“这游行可真酷，”我想，“人人都喜欢。”还有，同性恋的正当权利，我支持！但我没想到的是这场游行会害得我被困在公寓里，不得不忍受着听了4个小时外面吵闹的音乐。我是过了好一会儿才意识到这点的。游行队伍走得很慢，开始时——等等——那是？

嘿！看，是美国参议员希拉里·克林顿！

还有美国参议员查尔斯·舒默!

以及纽约市长迈克尔·布隆伯格!

还有一个戴着项圈、穿着速比涛泳衣的家伙，正在和人群中某个心意相通的女人眉来眼去呢!

游行队伍一点一点地从我的公寓楼下经过，队伍里有位高权重的政要，有伸张权利的组织，有五花八门的表演，有香蕉吊床式样的花车。我突然意识到，并在心里告诉自己："现在，一切都不同了。"不只是我居住的环境，还有我的生活，一切的一切。

但我并没有感到迷茫，当然，也没有感到多么从容自在。我似乎还未完全接受自己已来到纽约的事实，总觉得还在达拉斯与纽约之间徘徊。

人群中的每个人，希拉里、查尔斯、迈克尔，包括那4个人体模特，还有那个穿名牌泳衣的家伙，似乎都在对我说："欢迎来到纽约，朋友。祝你明天好运。"

第二天早晨，我上班去了，这是我换了工作后第一天上班。我感到有些不安。

这可能就是为什么我还没走进办公室，竟然就和一个陌生男人在卫生间里握手的原因了。

事情的经过是这样的：

[两个男人在小便。]

“嗨！”

“嗨！”

[然后我冲便池，开始洗手。]

“我是罗斯。”

“鲍勃。”

[然后鲍勃冲便池，开始洗手。]

“这是我第一天上班。”

“是吗？”

“是的。”

我是《时尚先生》的研究总监。

“哦。”

[当我们正擦手时，我伸出手去和鲍勃握手。鲍勃露出了困惑不解的表情，但还是和我握了握手。]

关于办公室男卫生间的问题，现在有很多心照不宣的社交守则，比如：不要左右看，但可以上下看；不要在卫生间梳洗打扮；不要在卫生间握手，任何时候都不要，尤其是上班第一天的早晨。

那个早晨的我,既不自在又紧张难安。每每遇到这种情况,我的动作就会不由自主地加快。比如,要上台发言时,我会等不及主持人介绍完自己就走上台去;在重要的午餐聚会上,我会吃得很快;而且,很显然,我还会未进办公室之前就在卫生间里向同事介绍自己。

那天接下来发生的事情也同样尴尬。所有事开始的第一天都是这样吧。

我的同事介绍我时用了新人报到最常用的、但显然没什么效果的介绍方式——带我挨个走到每位同事的办公桌前进行介绍。

"约翰,这是罗斯。"

"嗨!"

"嗨!"

"史蒂夫,这是罗斯。"

"嗨!"

"嗨!"

"戴维,这是罗斯。"

"嗨!"

"嗨!"

和其中一个编辑部同事握手时，他上上下下地打量了我一番，这一幕就像是电影里发生的情节，关于初入纽约某杂志社工作的小职员的一部电影。“你认为第一天上班该穿成这样？”那个家伙似乎在说。黑色裤子，方头休闲鞋，门襟不带纽扣、领口设计奇怪的马球衫，显然不符合第一天上班的着装标准。（他可能就是那种对门襟特别有研究的家伙。怪胎！）

第一次坐在办公桌前，我不知道自己该干什么，只有一本盲文版的《花花公子》和我做伴。（它是这张桌子的前主人、现在已成为畅销书作家的雅各布留下的，同时他还留下了一张非常贴心的小条以及满满一抽屉的零钱，大约有450美元。）我不由地回想起这所有的事情：卫生间里的握手、尴尬的新人介绍、同事的打量，这难道不是一个令人沮丧的开始吗？没错，是的。但它只是令人沮丧罢了（第一天通常是这样的），还不算太糟糕。第一天很少会太糟糕，尽管会让我们产生各种困扰，比如：我们担心会给别人留下不好的印象，我们开始质疑自己选择这份工作是否正确，我们觉得自己在被别人审视，我们感到不能胜任工作等。

但是，请注意：第一天发生的所有事情只是特例，没什么大不了的。你挨个向所有的同事问好，但以后你就不必这么做了；你盯着卫生间里的奢华水龙头看了半天也没能弄清楚它是感应的，但下次你就不会再那么盯着它看了；你假装在看根本不存在的电子邮件；你走路不小心撞上了玻璃门；你有一堆记事本，却没有笔；你不知道储物柜在哪里却又不想去问；你在电话里把事情搞砸了，最后不得已挂掉电话，那时才惊觉刚刚有 7 个人听到了你的讲话，而且他们觉得你显然缺乏工作能力，因为你连最基本的工作都做不好；你盯着最上层抽屉里的盐和胡椒包看了大约 5 分钟，一直举棋不定，想要把它们扔掉，因为毕竟是别人用过的东西，但又想留着它们，因为午饭的时候可能用得上。尽管上班第一天会发生各种各样的事情，但几乎不能说明任何问题，不能说明职场如何，不能说明同事如何，也不能说明工作本身如何。就好比一本书，它的序言可能晦涩难懂，令人迷惑，但不妨碍它成为一本引人入胜的好书。

那个被领着四处去做介绍的人甚至都不是你本人，只是你的扮演者。

而那些人也不是你的同事，只是他们的扮演者。我们都在扮演着自己的角色。那些我们一度喜欢的人，可能很快就会被证实是浑蛋；而那些似乎一直在审视我们的人，最后反而会成为我们重要的盟友。

我们以为自己是唯一感到不安的人，其实不然。我们的新同事也很不安。他们不了解你，所以他们担心你会在会议上说些不该说的，担心你会对他们产生威胁，担心你会取代他们的位置，担心你会为了节食而往冰箱里塞满 12 天的果汁。

而你，也并不了解他们的想法。

最后，你有意无意地出现了心理学家所谓的“镜像反应”。没有人在说话？那我也不说；大家要去吃午饭？那我也去；她在复印东西？我也要复印；那个家伙似乎被大伙排挤了吧？那我也得离他远点儿……等等……哦不，他们现在接受他了。好吧，那就交个朋友吧！

我想说的重点是：你变得不再是你自己。

现在回顾上班第一天的情景，我意识到自己当时在很多事情上表现得非常不妥，但好在最终都相安无事了。第一天几乎都是这样。可能会出现很多“状况”，但你却难以知道它们会有何影响，就好像拼图一样，刚开始时你几乎无从知道那一堆七零八碎的零片能拼出什么图案来。如此看来，**第一天只是你入职的日子。尽管会发生很多事情，却说明不了什么问题。**

所以你根本不用紧张。

快下班时，我双脚搭在办公室的暖气片上，眺望着窗外。

透过这栋老旧的20层办公大楼的脚手架和铁丝网（杂志社在2006年搬到赫斯特大厦之前一直都在这栋楼里），我看到了两栋公寓楼，中间有一小块方形的绿地。城市看起来孤独寂寥，办公室里一片冷清，桌上那期1999年5月的盲文版《花花公子》似乎在为我惋惜，我为什么没有把握机会策划一本盲文版《玩伴女郎》呢？这一切不免让人有些沮丧。但是，当我看到中央公园那一片生机勃勃的绿地时，心中又燃起了无限纯粹的希望，即使我只看到了一小部分。

正当我沉浸其中的时候，我的上司来了，问我准备好吃晚饭了没有。

“当然！”我说。

跟你说实话吧：我其实还没有准备好。

·8·

清单一览表：看你初期如何搞砸工作

你想要把事情搞砸。如果从一开始你就没把工作搞砸过，那只能说明你待在现在的岗位上实在太大材小用了。为什么想要搞砸？因为这样你就会尽快地成长起来，最起码也能学会如何按要求做事。那种令人崩溃的感觉——不停地犯错误——会让你清楚地意识到你刚做了个大决定，换了份新工作，而现在正在学习，正在接受挑战。搞砸几件事情又何妨？你知道的，这些小小的失败将会引领你走向成功。

现在，让我们来看看以下事项。如果有10项以上被你打了勾的话……那么恭喜你，你离成功不远了！（你正在成功搞砸你的工作。）

- □ 在不适当的场合主动和重要人士握手，比如：

  当他们正在吃饭的时候。

  当他们正在和别人交谈的时候 。

  在洗手间里。
- □ 假装对某件其实你一无所知的事情十分精通并高谈阔论，直到露出马脚。
- □ 刻意避免和你仰慕的人进行眼神交流，因为你觉得他们身上的光芒让你黯然失色，或者他们拥有的权力让你自惭形秽。
- □ 因为焦虑而很大声地说话。
- □ 搞砸了汇报，比方说，因为忘了怎样吞口水。
- □ 在聚会上围着一群人晃悠。
- □ 然后悄悄地靠近他们。
- □ 并且尴尬地插嘴打断别人的谈话。
- □ 上班第一天说了“第一天上班”这样的话。
- □ 想要回家——回到你的栖身之所。
- □ 瞪着镜子里的自己，有想要狠揍一顿的冲动。
- □ 将你的第一份大业绩归功于好运气和骗术高明。
- □ 上班第一天和新同事（包括上司在内）一起吃饭，由于疲惫和胆怯，在餐桌上一声不吭，什么话都不说。关于这一点，下一章将详述。

·9·

与新同事闲聊时如何回应你不了解的话题

你以为，30 岁的我在饭局上面对一群令我望而生畏的人和一堆五花八门的话题时一定懂得如何避免尴尬吧。你错了！事实证明，我不懂。

在曼哈顿中城区某家新开的餐馆，杂志社的所有高级职员都坐在包厢的大桌子前，打算欢迎我入职，这令我感到十分不自在，还有深深地惶恐。他们把我当成饭桌上的贵宾，但我颇感心虚，我并不觉得自己做了什么值此殊荣的事。我不过是接受了一份工作，搬到了一个新的城市而已，就像其他很多人一样。我甚至觉得自己配不上这份工作，还有，这顿晚餐。

他们是否欢迎我来上班？我的老板是否是唯一一个认为我可以胜任该工作的人？我的到来是否会打乱某种格局？这些我

都不知道，我很担心。刚入职的人都会这样吧。但是现在我知道了，其实我真不应该担心这些。融入一份新工作的最好办法就是表现得像你已经在那里工作了一段时间一样，要让自己看起来自然、自在，哪怕你其实不然。注意：这可不是要你狂妄自大，而是要你做出轻松自在的样子而已。可我却顾虑太多。我能感觉到自己在饭桌上表现得太过谦卑，像极了一个贸然闯入者。

但这样的我，不过就是曾经的他们。每个刚开始工作的人都会有这种闯入者的感觉。面对眼前的这份新工作，我还没有完全调整好自己的状态，也没有足够的信心能做好。白天上班时我还能勉强应付，总算没出什么大娄子——毕竟，我可以躲在办公室或格子间里埋头打字，假装在构思什么绝妙的方案。但到了晚上聚餐时，我觉得我所有的封闭权和自我保护权都瞬间被剥夺了。我不得不伪装自己，不得不参与到他们当中，不得不去了解沃纳·赫尔佐格是谁。

去他的沃纳·赫尔佐格。我现在终于知道他是谁了，他是一个有点古怪的德国导演，执导过传奇史诗电影和神秘的纪录片。而且，我还成了他的粉丝，钟情于他的作品以及他表达人物古怪个性和强烈情绪的独特艺术视角。可是在那晚的饭桌上，他对我来说不过是又一个我听不懂的话题罢了。

记得当时有人说："让我们听听罗斯对赫尔佐格有什么看法吧。"他们这么做并无恶意——现在我已知道。他们只是想让我参与其中而已，因为我一直没怎么说话。但不管怎样，这不是我想听到的。

当某个你尊重的人把你拉入某个你并不懂的话题之后，你便不得不做出一个选择：

A. 承认你对此事一无所知；

B. 胡说八道一番试图蒙混过关；

C. 以放之四海而皆准的套话来回应。

我的选择是 B 与 C。

"那个家伙啊？我觉得他早期的作品没什么新意，但最近有所改善了。"

有所改善？有所……改善？有所改……善？

那晚之前，我从未用过这样的表达，那晚之后，也再未用过。

结果，因为我的回答，他们不再理我。整晚我再也没参与到任何实质性的谈话当中去。坐在那儿，我就像一个刚刚搬来镇上，第一天去上学的四年级插班生一样。这不怪他们，是我给了他们理由觉得我不适合这份工作，而且，和我这样的人打交道也没什么意思。

我本应该如实地说："我不知道他是谁。"**当我们对所谈之**

事一无所知时，我们就应该说“我不知道”。有人能大方地承认自己的无知，这一点我很欣赏。如果面试时有应聘者说：“抱歉，我没听懂您在问什么。能否请您解释一下？”我会认为这是他的优点——看起来诚实、求知欲强，并且小心仔细。那晚，我的问题不在于我对他们所说的一无所知，而在于我显而易见的不懂装懂。

如今，在认识了桌上那一圈人之后——其中很多现在已成为我的挚友和伙伴，我为我当时的行为感到羞愧。我试图去迎合他们，可他们根本就不需要我这样做，他们只需要我做真正的自己。我试图将商业规则套用在餐桌上，可职场毕竟不同于聚会场合。在职场上，我们总是扯一些没用的，有的话甚至连自己都听不懂。倘若你要指责这些连篇的废话，那就无异于指责公司的企业文化。但废话并不适用于聚餐的场合。我知道他们想看到真正的我：一个有趣的交谈者，一个真实的人，就算会紧张、会害怕也无所谓，但是必须真实。**如果你假装对某事感兴趣，你不可能成为一个有趣的交谈者。**不可能的。你不认识赫尔佐格，承认便是。在这里你因无知而失去的分数将会因为你在交谈中表现出来的坦诚无畏而获得补偿。

“我不知道你说的是什么。”你应该这样说。因为你确实不知道，而且你想要去了解。

和所有人告别之后，我独自往搭乘C线列车的方向走去，我要回家。掉落在身上的雨点似乎在嘲笑我。通过验票闸门时，我的捷运卡刷了十几次才刷上，直到车门关闭前的最后一瞬我才上了车。

可就在列车离开时，我意识到我上了开往上城方向的列车，而不是开往下城的。

“这样下去可不行，”我想，“也就能干6个月，顶多了。”

·10·
头一两年干不好新工作，意义何在？

你真差劲。

我不知道你到底差在哪儿，但你确实干不好一些重要的事情。也许有一天，你也能干好。但现在，你的表现并不怎么样，事实上，很差劲。

这点你必须要承认。

你可能需要花点时间来接受。没关系，我会等。

知道吗？其实我自己的表现也很差劲。

既然同病相怜，那咱俩不妨来谈谈失败这个话题吧。

眼下，失败是个重大话题。很多人在研究它，撰写关于它的书籍，发表关于它的博客文章。我们常会听到“失败宜早宜多”“向失败缴械投降”“失败是基础”这样的说法。最新的成功秘诀指出：要想成功就得经历失败，但要以正确的方式失败。

失败还有正确的方式？我刚来《时尚先生》的前几个月，提交过不尽完善的工作；结结巴巴地给销售部同事做过报告；在聚会上轻率地评论另一本杂志，然后转身发现那本杂志的两名编辑就站在我身后。做这么失败的事情，有正确的方式吗？扣下一篇文章、干狗屁杂活之类的事，这些都有正确的方式吗？

我认为我们正在讨论的并不是真正意义上的失败。用“失败”这个词，不过是想让书和文章看起来更具吸引力罢了。真正的失败是可怕的，付出的代价也是巨大的，犹如毁灭性的灾难。**失败不能教会你任何事情，不要以为“失败”能带来什么正能量，不要相信失败宜早宜多。如果可以，永远不要失败。**确切地说，我们现在正在讨论的是：错误。

对于这个问题的研究，书和博文所引用的内容归结起来基本上表达了如下两个意思：

1. 人类讨厌犯错误；

2. 成功的一个关键性因素是：接受你会犯错误的事实，且重视你所犯的错误。

关于错误这个话题斯坦福大学的心理学家卡罗尔·德威克是被提到的最多的专家之一。她率先提出了“心态”这一概念。

她认为，拥有“固定心态”者相信他们的能力不可改变——这种信念会致使他们竭力躲避一切可能存在的风险。相比之下，拥有“成长心态”者要勇敢得多，他们敢于迎接挑战，因为他们相信：即便不成功，也可以在这个过程中变得更加聪明能干。他们甘愿犯错，更重要的是，他们乐于听取意见。事情搞砸了也没什么大不了的。这样的心态在职场上对他们很有帮助。我在目前的工作岗位上已干了 10 年之久，但直到最近才有了这种心态。它让我能够更好、更高效地完成工作，也因此有了更多的时间来陪伴家人。

拥有“成长心态”者明白，当你愿意谈论错误、愿意别人来纠正你的错误时，错误就显得弥足珍贵。

但是真正的失败呢？那些令人感到耻辱、犹如灭顶之灾的失败呢？除了教会我们要对某些错误的决策引以为戒，决不能再重蹈覆辙之外，就只会给人当头一棒。错误却不一样，它有可能带来令人惊喜的结果。

刚来纽约工作的那几年，我最大的失败就是会因犯错而感到羞愧难当。如果说我有什么可后悔的，那就是这个了。我实在是太害怕犯错误了，所以有时候做事十分拘谨。在当时看来，我很可能做了“更好”的工作。但长远看来，我却是做了更糟糕的工作，因为我没有给自己犯错误并尽早纠正的机会。我会为了写一个标题而奋战到半夜，会为了斟酌一个笑话而花上两三天的时间。**关注细节并没有错，但若以牺牲个人生活为代价就不是个好主意了。**

现在我已是一名管理者，如果我看到有职员在某项工作上消磨的时间太久了，我就会让他把这项工作交给我。**工作干得太快并非好事，但工作干得太慢却是很糟糕的事。**老板最不愿看到的就是：工作拖到最后一刻才交上来，即使有问题也没时间再进行修正了。**过分追求细节对于年轻职员而言可能是最差劲的做法了。**工作很难做到尽善尽美，无论你在上面花费多少时间，都很可能达不到理想的标准。所以，能早点提交就早点提交吧，有问题的话之后再修改。其实你没干好也没关系，因为本来就该这样。

所有人都想要你干不好。

所有人。

首先，你的老板想要你打破惯例，敢于犯错误，学学哪些事不值得花费工夫。他宁可看到你的工作没干好，也不愿看到你因害怕出错而对工作拿捏不定，直到最后一刻才提交。

其次，你的同事想看你犯错误，因为他们明白一个无畏的同事会给他们带来什么好处，或者只是因为他们想要获得某种优越感。但前提是，他们之前注意到了你。大量的研究表明，我们往往会高估别人对我们的关注程度，且这种被高估的关注程度要高出实际我们受关注程度的一倍，这就是焦点效应。（事实证明我妈妈在我青春期那会儿做得还真不错，没让我觉得自己被过度关注。）

最后，你自己也想要干不好工作，但这一点是你没有意识到的。**每一份没干好的工作中都藏着值得学习的部分**，比例占2%~13%。你的任务就是要从自己造成的这一片狼藉中寻找那些值得学习的部分。但是别担心，会有人帮你去找的。就让他们帮吧！

·11·

如何微笑

那是我在《时尚先生》工作的第一年。那天我走进了54街伦敦酒店的酒吧，我的一群同事正在那边靠墙的长沙发上坐着。我不记得那是什么场合了，可能是国家杂志奖颁奖前的庆祝活动，也可能是某大型活动的庆功宴，还有可能是某人随意发了封组局喝酒的电子邮件。

我向他们走过去。其中一个编辑部的同事看着我，就像是《黄昏双镖客》中的克林特·伊斯特伍德一样。然后他说了句话，从此我便改变了自己在同事面前的一贯形象。

他说："你为什么总是一副死气沉沉的样子？"

的确，我不是你们眼中的乐天派，谈不上活泼外向，也算不上温和亲切，更何况是在这种场合。我的脸上没什么表情，隐隐透着一丝忧虑，重点是，我不怎么笑。其实，来纽约的头几年我都没怎么笑过——主要原因是工作压力大，我觉得力不从心。

但是直到那天晚上，我才意识到自己是这个样子。

我的这位同事显然已为此恼火了一段时间了，现在终于可以借着酒劲发泄出来了。他之所以恼火，是因为我这副愁眉苦脸的样子会让人心情沮丧，而且，这种情绪还会传染给身边的人。显然，他就是其中之一。但所幸的是，微笑也是能传染的，这是有科学依据的。

下面让我们来做件有意思的事：

来点微笑。

不要吧？真的要吗……那就笑一下好了。

看，这个事对我来说也没那么容易办到。

但此时我若不配合地假装笑一下，那就没法继续下去了。

19 世纪法国神经学研究领域的先驱们认为，如果你的微笑是出于对某一指令的反应，而不是真正让你快乐的事情，那么它很可能不是心理学家所谓的“真”笑或“发自内心的”笑。这种笑没有灵魂，毫无生气。你不喜欢自己照片里的样子，很可能是因为你不喜欢照片里你的笑容。你只是在收缩颧大肌，从而拉起你的嘴角，但你并没有牵动眼轮匝肌——鱼尾纹背后的推手。眼轮匝肌很难自动收缩，除非你真心地感到快乐。

所以，想想那些让你快乐的事，比如拿着气球的孩子，如果你不喜欢孩子，就想想气球好了，如果气球你也不喜欢，那只能说明你心如死灰了。你最好先去解决微笑以外的其他问题。

无论如何，请找到你的快乐。

（注意：这将是我最后一次在本书或任何其他媒体中使用“找到你的快乐”这几个字。以后绝不再提，永远都不。）

现在你看，这就是真正的微笑了。它会让你很上相，会让你看起来“熠熠生辉”。

你脸上的笑容是一个强大的工具。在一个至今堪称经典的实验中，德国人证实了这一点。研究人员让两组研究对象一起看动画片《在远方》，要求一组对象用牙齿咬住钢笔（强制性地做出“微笑”的动作），另一组则将钢笔放在他们的双唇之间。结果，相较于后一组，前一组对象觉得这个动画片更有趣。这意味着他们之所以更容易被取悦是因为他们已经在“微笑”了。是不是像在变魔术？确实如此。微笑使人快乐，快乐又会使人微笑，如此循环反复。

如果你不能自然地笑出来，那你可以试试把嘴巴咧大一点，咧大 20%，就像朱莉娅 · 罗伯茨那样。试着让嘴角上扬一点，这样就会牵动你的眼部肌肉。想想乔治 · 克鲁尼，对，就是那样。记住：**如果你没有觉得自己笑得有点傻，那么这个笑就**

不合格。虽然你可能会觉得怪怪的，但你看起来并不怪。你看起来很满足，很自信，很快乐。然后，所有人都会感觉好多了——特别是你自己。所以，你需要做的就是要快乐。

还要时不时地感觉自己有点傻。

但主要还是：快乐。

·12·
如何闭口不言

在《时尚先生》，每周都有一个例会，编辑和设计师会在例会上讨论项目进展情况，这其实是对项目的阶段性检查。相关部门需对项目的完成情况进行汇报并回答有关问题。大部分时候的回答应以“是”、“周三”以及“还不错”这类的答案为主。我刚来《时尚先生》的头几个月并不明白这些。我以为应该全面、如实地回答。所以，被问到“进行得怎么样了”的时候我就一顿解释和道歉，甚至还说了许多不该说的，其他参加会议的人估计都烦死我了。但我根本不知道，其实我只要回答“挺好”就够了，不需要再多嘴说什么了。

在例会上该说什么？怎么说？应该是这样的：

1. 嘘！别说话。

2. 嘘！别说话。

3. 说话。

4. 嘘！别说话。

如果你已经开口说了，就想办法尽快结束，多说无益。你不停地说啊说，你以为这是向同事证明你个人价值的好机会，其实不然。你不给别人说话的机会，也就是在为自己创造当傻瓜的机会。**在会上——尤其是在每周的定期例会上——你若想证明自己的价值，就一定要谨言慎行，只说你知道的事情，并准确而清晰地表达出来，然后闭上嘴巴即可。**

“进行得怎么样了？”

“挺好。”

这样回答就行。每个人都很开心，会议也可以继续进行下去。

但问题是，如果实际上事情进展得并不顺利，那你这样回答就有忽悠别人之嫌，并且很可能会为此而付出代价。要是哪天被人发现了，你就麻烦了。所以，回答“挺好”应满足一定的前提条件：事情的确进展得不错或“还好”，又或者“正在顺利进行中”（职场上“挺好”这个词就好比语言上的变色龙）。

所以，关键在于：确保事情完成得很好，这样你就无后顾之忧了。

你万万不可以像下面这样回答：

“项目进行得怎么样了？”

“呃……”

绝不要一张嘴就“呃”。“呃”还是留给航空公司的飞行员吧。（“呃，各位，塔台那边刚传来消息，这次表演糟透了！”）说了“呃”之后准没好事。

“我遇到了……”

没人会在乎你遇到了谁。

“这个团队……”

嘿，还“团队”呢！

“我们决定……”

天哪，谁关心这个？！我都写不下去了。

也许会议可以谈论这些内容：你、团队、你和团队讨论的问题、团队的表现、团队的梦想。哇，多么优秀的团队！**但我们不妨来测试一下：你对自己所说的是否感兴趣？如果不是，那就别说了！**停止说话。有必要的话，就算才说到一半也马上停止。

谨慎是一种美德，因此，应懂得沉默的重要性，不该说的坚决不说。但这点在职场上却是最容易被忽略的。

·13·

职场说话之禁忌

有时候别人——通常是等我做决定的杂志设计师——会说我顾虑太多。他们会说："我觉得你想多了。"尽管他们很可能说得没错，但我还是想把这句话排除在职场规范用语之外。它是在责怪别人的关怀体贴，责怪别人想要做得更好的良苦用心。我觉得那些指责别人想太多的人只是自己不愿思考而已。不思考就代表轻率。

下面这些话也是职场禁忌：

"对不起。"

你可以说"我知道之前做得不对，以后再也不会了"。如果有人问，你可以解释发生了什么事，但道歉之类的话在职场上还是免了吧。道歉纯粹是情感上的慰藉，认识到问题所在并给出解决方案才是职场人更认可的有用之举。

"……那样行得通吗？"

人们喜欢在提出观点之后这么问。如果你一定要这么问，那就表明要么你对自己所言没有信心，要么你根本不明白自己说的是什么。而此时，你正在向听你胡扯的人求证。

"就是这样！"

没错，就这样。可是，到底是怎样？要弄明白这点真是太痛苦了。我们坚决不要这么说，说出来也毫无意义。它是白痴的口头禅。

"事出有因。"

同理。请参考上一条。

"咱们去简单喝杯咖啡吧。"

"咱们去简单喝杯咖啡吧。""咱们去简单吃口午饭吧。""你能给我5分钟时间吗？"我能给吗？那要看情况了，看我对你的事是否感兴趣。看我的兴趣是否会持续5分钟，还是只在刚开始时出现。而你，对我感兴趣吗？虽然这听起来有挑拨之嫌，但的确有这种感觉——提出邀请或请求的人似乎认为你并不值得他花费太多的时间和精力，要不干吗要简单了事啊？吃午饭也好，开会也好，喝咖啡也好，都不要太匆忙了。

"我昨晚做了个梦。"

让我猜猜是什么梦：梦里有我俩——我们好像在工作，但不是真的在工作。有个小个子男人——不是小矮人，真的，只是看起来比较小而已——正端着个蛋糕，蛋糕上写着……写着……我记不起来了……还有泰勒·斯威夫特，她也在……不管怎么说，跟别人聊梦境都算得上是最无聊的事情之一了，可以排第三，继软件版本更新和宿醉之后。

"我昨晚喝多了，真是太难受了……"

没有人想听你说宿醉的事，没有人。

连你自己都不想。

"我感觉……"

对待工作，你可以反复思考，但不可以含糊其词，凭感觉说事。

“别跟我说我想得太多了！”

因为你很可能真的想得太多了。

·14·

如何在贵宾云集的高级餐厅吃一顿有意义的午餐

我第一次在曼哈顿中城区东52街的四季酒店用餐，是为了庆祝我在《时尚先生》工作一周年，就我和我的上司两人。

若你是传统媒体领域的工作者，想安排一顿重要的午餐，又不想有失体面，那么四季酒店是你不错的选择。它盛名远扬，装潢沉稳大气又不失豪华，美食令人赞不绝口。宾客们在此用餐，能获得极大的满足感。

四季酒店的布局独具特色。餐厅的中央摆放着餐桌，四周各设有一排长桌，将餐厅围成了一个矩形。这些长桌的座位全都面向中央。抬头看去，上面有一个楼厅，在那用餐的宾客可以俯瞰整个餐厅。于是，有趣的画面出现了：在餐厅中央用餐的宾客被长桌上的宾客盯着看，而他们，又同时被楼厅里的宾客盯着看。

我们在长桌落座之后，竟然发现美国有线电视新闻网的财经节目主持人卢·道布斯和杰克·卡弗蒂就坐在旁边。这些长桌的座位布局很有意思，一排的人都面向同一个方向而坐。想象一下卢·道布斯和杰克·卡弗蒂坐在一辆皮卡车上盯着一群牛在看的样子。现在他们坐在这里，看起来正是这个样子，我和我上司看起来也是这个样子，每个人看起来都是这个样子。一边看着身边的同伴，一边还在观察着其余的每个人。

关于重要午餐（尤其是周年纪念这样的午餐），这里有一个问题：应该遵循什么样的原则？要开门见山地谈工作吗？毕竟，这是商务午餐啊。或者，要像平时用餐时那样谈个人生活吗？可这合适吗？商务午餐适合谈私人的事情吗？你会不会指出那边那个人是玛莎·斯图尔特（美国家政女神）？你会不会问："你觉得天花板上的吊饰是真金的吗？""我们是喝酒还是喝点什么别的？"（我之前有这么问过吗？）

现在，我要用我的经历告诉你，商务午餐就是一个约会，太过严肃认真有时反而会破坏它。它的流程应该是这样的：闲扯，点单，再闲扯，吃饭，然后谈正事。那么，问题来了：为什么不去喝点饮料呢？或者坐在公园的长椅上聊 15 分钟？难道我们真的想看着同事或生意伙伴吃饭吗？难道我们真的愿意花费时间来吃这顿饭吗？不管怎样，在这里我要给你提供一份基于常年观察和真实经历得来的商务午餐实用指南。

关于“我们喝点什么”：如果服务员先来问你想喝什么，而你想喝酒，那不妨先点一份苏打水，但前提是与你同来的那个贵宾也有喝酒的打算。苏打水基本上是喝着玩的，只不过是借它来做个暗示：如果对方也点了苏打水，那么你们接下来很可能要喝点酒。苏打水只是喝酒的前奏，如果对方喝了，那就表明他愿意和你再继续喝点酒，而不是说可以用它来代替酒。

偶尔地，在餐桌上会有人直接提出要喝酒，或者是酒精饮料。如果你不想喝，那就别勉强。若对方因此而感到不高兴或者不解，那就说明了一个比喝酒更为严重的问题：对方是不讲道理、执意强求别人的人。面对这样的人，你可以毫不客气地说：“我不喝酒。”不需要吞吞吐吐，不需要找借口，不需要道歉，但也不需要充满敌意，直接说“我不喝酒”就可以了。

关于别人过来打招呼：如果有人过来和与你同来的贵宾打招呼，不管来多少人，你都不要惊慌。他们会慢慢走到你的桌前，微笑致意，然后随便聊几句，再大笑几声（其实根本就没什么好笑的）。这叫什么？叫“成功伴随型人格障碍”（SOPD），它困扰着90%的有钱和有地位的人。SOPD患者有种行为特征，就是他们不能对正在说的话做出合理的情绪反应。当然，也会让你觉得莫名其妙。举个例子，他们走过来之后的谈话可能是这样的：

你的同伴：“嘿，你好啊 [（比你的同伴）稍为逊色的贵宾]！”

[稍为逊色（但拒不承认不如你的同伴）的贵宾]：“你看起来不错啊！哈哈哈哈。”

你的同伴：“是的！哈哈哈。”

[稍为逊色的贵宾] 会在你结束了和另一个人的谈话继而注意到他的时候看向你：“你好，我是 [稍为逊色的贵宾]。”

你：“很高兴认识你。”

然后重新看向与你一起用餐的同伴。

[稍为逊色的贵宾]：“[说了个你不认识的人的昵称] 怎么样了？”

你的同伴：“哦，她还过得去。你夏天还要去 [汉普顿的某个地方或其他地方] 吗？”

[稍为逊色的贵宾]：“不，我们要去 [很有可能是汉普顿的另一个地名]。”

你的同伴：“听说很不错呢，日落很美。哈哈哈。”

[稍为逊色的贵宾]："遇见你真高兴。那我先过去那边了（那边有个男人正在看手机）。"

关于误导性的菜单：菜单上有些菜名让人误解。

先生，我只是想确定一下你是否知道鲑鱼堡是鲑鱼卵做的布丁以及这里的沙拉是苦苣沙拉。

关于水果羹：**宾客们似乎都喜欢水果羹。**将加奶的果汁倒入碗里，就称其为"水果羹"。

关于何时切入正题：如果你有事要和与你共进午餐的贵宾说，不要等到吃完了再说，而应该在等待上菜的间隙说，并确保时间充足。**商务午餐的主菜和甜点之间的这段时间比较适合谈正事，因为间隙够长，可以避免谈话被服务员打断。**你们就餐时的谈话大抵应该是这样的：

废话。

废话。

废话。

正题。

废话。

与卢·道布斯尴尬的目光接触。

废话。

请买单。

如果你有话要说，如果你对某事不满意，如果你想承担新业务，如果你想讨论什么，现在就做。现在是最好的时机。对方已被俘获，还有点微醺，现在正是时候。

关于买单：如果你是对方的客户，很可能不需要你买单，但你应该做做样子客气一下。

如果你和对方是工作上的伙伴关系，身份地位相当，那一般是谁提出邀请谁就买单，但另一方应表现出想买单的意愿。

如果你是和你的上司一起来庆祝你工作一周年的纪念日，那显然不需要你买单。你装模作样地做出掏钱的动作是一件愚蠢的事情，你们都清楚谁会买单。如果你做这个动作，你的上司会不可置信地看着你，觉得你一定是疯了（相信我）。

·15·
商务午餐原则之补充

预订座位。每次都要提前预订座位，即使是你知道肯定会有位子的餐厅，也要提前预订。

如果你们是两个人，坐的 4 人桌，那么挨着坐，不要对着坐。在商务午餐就餐过程中亲近一点是有好处的。可能会听到秘密哦。我知道，如果你习惯了和你的同伴相向而坐，一定会觉得这样看起来很奇怪……太亲密了。但是，你马上就可以见识到这样坐的好处。不管怎么说，你真的愿意看着人家吃饭吗？或者，愿意让人家看着你吃饭？

别点红酱。

别点汉堡包。

别点带红酱的汉堡包。

别点要用手抓着吃的食物：墨西哥卷饼、汉堡包、排骨、墨西哥玉米卷、三明治等。

你想喝汤？那就喝吧。

你把勺口对着自己，而不是冲着外侧的方向来舀汤？你难道是想挑战喝汤礼仪吗？那就试试看吧。

别点自制食物。做起来太费时间。

别点炖小牛肘或意大利千层面。做起来太费时间。

别点那些臭名昭著的粘牙菜：菠菜、西蓝花、黑莓等。

别点一咬就会喷溅汁水的食物，如：意大利方形饺、焗番茄、大龙虾和水饺。

注意：如果食物不小心溅到了衣服上，柠檬片会有意想不到的效果。

在 20 秒钟以内决定点什么。看着菜单，点那些看起来诱人的菜。

如果你盘子里的食物比其他人的都多，说明你说得太多了。

如果你比大家都先吃完，那你不妨多说一点。

考虑放弃甜点。

看看人家需不需要咖啡。

最后，如果以上指导原则执行起来有困难的话，请自动忽略。点你想点的，喝你想喝的。（注意：一杯酒会让你午后的工作完成得更好，两杯酒会让它的效果大打折扣，三杯酒就别指望它能完成了。）但做任何事情都要讲究效率，如果能有效利用这些指导原则，就能顺利地实现商务午餐的意义了，即：和有趣的人进行有趣的交谈。

·16·
如何闲聊

我不擅长闲聊，但在纽约工作的头几年总是迫不得已要这么做。我谁也不认识。每去一个派对，屋子里全是陌生人。

我遇到的那些人，很多都是作家或演员，我很羡慕他们的工作。但一旦跟他们聊天，真相却是那么残忍。不是因为我没话说，而是因为我会说很奇怪的话。

“你在《严肃的男人》里演得真是太棒了！”我对一个获过奥斯卡奖提名但知名度并不高的演员说道。

“那不是我演的。”

“哦。”

我确实不怎么会聊天，到现在都这样。但在过去的10年里，我遇到了很多需要闲聊的场合，所以总算是有点长进了，或者至少可以说我更清楚它是怎么回事了。

关于闲聊，需要认识到的第一点就是：我们生活在社会当中。既然承认了自己的社会属性，理所当然就能达成这个共识：若彼此的沉默会导致尴尬，莫不如开口说话。所谓共识，就是我们都心知肚明的一些认识，存在于我们生活中的方方面面，比如你一出门就会知道是否需要带伞，又比如……文明……你懂的。如果人们靠得很近却互不说话，那和茫茫冰洋上紧紧依偎却默不作声的企鹅有什么区别呢？可是，想想企鹅生活的地方，跟人可不一样。没错，它们既憨态可掬又高高在上，它们的冒险故事值得由摩根·弗里曼来叙述，可它们的社交习性真的适合人类吗？

让我们来看看2014年芝加哥大学的心理学家对通勤者所做的一项研究。在一组实验中，他们让一部分通勤者在早上搭乘地铁上班时主动找一个陌生人聊天，另一部分通勤者静静地坐在座位上，还有一部分通勤者则像往常一样该干什么干什么。结果表明，聊天的那部分通勤者觉得旅途更为愉快。在另一组实验中，他们对通勤者做了一项调查，调查显示这些通勤者一方面自己有兴趣和别人聊天，一方面又认为别人没那么大兴趣和他们聊天。这种现象其实就是心理学所谓的“多数无知”——我们多数人都抱着同样的想法，却害怕迈出第一步，因为我们错误地以为别人的想法跟我们不一样。这就是为什么我们即使在大街上看到有人看起来需要帮助却不会停下脚步；这就是为什么我们即使喜欢与人沟通却不会在电梯里和陌生人聊天。研究结果表明，尽管我们心里想和陌生人说话，也不会这么做。如果说有什么宝典能指导你的职场社交，那不如就从主动沟通这点做起吧。

第二点就是：**要有一颗好奇的心，否则聊天就聊不起来。所以，当个好奇宝宝吧。**显然，你得注意眼神交流和保持微笑，因为这代表着好奇。关于聊天内容，你可以说点有趣但不过于私密的事情，比如：那边有个家伙拿着个大箱子，或隔壁房间传来奇怪的声音。除此之外，你还可以敞开心扉说说你自己。另外，还有一点值得注意，那就是：倾听。过去我很少注意去听别人在说什么，但现在我会下意识地尽力去听。这时候，我感觉就好像调高了对方的音量或者自己戴上了助听器一样，听到了对方真正的心声，真是太不可思议了。倾听是一个有力的工具。当你用心倾听时，你会进入到聊天的一个新境地，这将帮助你捕捉到一些小细节，从而发掘出新的有趣的话题。这样一来，你们就可以聊得更深入了。这个阶段我们称之为“适度交谈”。

“适度交谈”在职场上很常见，你稍微用点心思它就会发生。

它可能发生在大会的观众席上，也可能发生在会议室里，任何地方都有可能，只要你在交谈时多体现一点人性化。比如说，你要关心细节，而非长篇大论；你要关心别人的假期真正过得如何，而非不痛不痒地来一句：“假期过得怎么样啊？我想应该不错吧。对了，交货的事……”你要关心别人的想法，而非具体的事情。

（注意：不要夸夸其谈。如果聊得太激动，突然聊到了克里米亚事件以及上世纪90年代令人遗憾的国际关系，那就不合适了。对于职场，这样的话题显然有点太大了。）

·17·

闲聊话题清单——送给不爱闲聊之人

- 小狗。比如：狮毛犬、马尔济斯犬、丝毛梗。
- 你所在之地以外的某个地方的天气。
- “你对______抱有什么期望？”(可以是他们正在做的事情，也可以是晚上的特别安排。)
- “为什么点那种酒？”（这一定会引出特别有意思的话题。我有一次为了写酒吧里人们喝酒的故事，还特意让一个鸡尾酒侍应生去问顾客为什么要点刚才点的那种酒。最后得出的结论是：不同的酒代表不同的心情，你点的酒正好能代表你这一天的心情。而且，人们愿意借着酒来聊这一天发生的事情。)
- 对方姓氏的起源。
- 自己的某些不足。（比如：不会做饭。）

- 一个现实情况：基本上所有的男性时装设计灵感都来源于狩猎服装或者军装。（是真的。）
- 舞厅里地毯的品质。
- 只要将盐撒在杯垫上，酒水就不会沾上去。
- 赞美的话。
- 旅行计划。
- 企鹅。

  我是想说，它们总是站着！
- 闲聊这件事本身。

·18·

如何让电梯里的交谈变得有意义

电梯是办公大楼里一个独具意味的地方，更何况在这栋办公大楼里工作的还都是杂志社人员。这类媒体人的言语行为具有两极化特征。没被人监视、没感觉不安全的时候，他们往往能侃侃而谈，有说不完的话。说着说着，他们就会发现有些话不能随便乱说，需谨慎对待。即便如此，他们也不会就此打住，等到足够安全了再说，而是转而窃窃私语。

“所以，你跟他谈了吗？”
“是的。”
“很好。”

可是，问题是他可能前一秒还在说：“你看看，我现在过得是什么样的生活！我还在被分手的痛苦折磨着呢（压低声音）”，下一秒就来了句“你真缠人（再次压低声音）”。你能相信吗？！

确实，这听起来有点恐怖。我光想想都觉得很有压力。

说到压力，我等电梯时就会有。对我来说，等电梯就好像《魔域仙踪》里的阿催由正在靠近南方奥瑞孔一样，让我紧张不已。

是吧？

如果你不是上世纪80年代中期上的小学的话，我可以给你科普一下。《魔域仙踪》是1984年的一部奇幻电影，讲的是一个名叫阿催由的男孩为了打败“虚无”而苦苦追寻解决之道的冒险故事。他历尽艰辛，终于快要到达南方奥瑞孔了，却发现自己必须要通过一条窄道。窄道由两个身形庞大的半狮半女人生物倾身守着，它们有爪子、有翅膀，眼睛还会喷射出致命的激光。这种情况下他的紧张可想而知。而这正是我接近任何一个社交场合时的感觉——尤其是在电梯口。

电梯门什么时候会开？谁会在电梯里？我必须跟他说话吗？会不会有人过来和我一起等电梯？我要跟这个人说话吗？这个人会是我的上司吗？会不会很奇怪？

进了电梯之后呢？我要和里面的人聊天吗？怎么聊啊？还有拉里，他为什么要一个人站在电梯中间啊？谁会那么做？

“嗨，老兄！”

“嗨，拉里！”

“周末有什么安排？”

“还没安排呢。”

“今天都周五了，不是吗？”

“今天是周四。”

所以，真的就像《魔域仙踪》一样，只不过站在这里的不是两个身形庞大、长着翅膀、性感异常、眼睛能喷射出致命激光的半狮半女人生物，而是一个穿着卡骆驰、态度和蔼的男人。

但问题是我会不可避免地感到紧张。拉里倒是不会，他积极乐观，也乐于社交。而且，他懂得一些我一时半会难以领悟的道理，比如：

电梯是装满机遇的牢笼。

在电梯里，你有机会对别人奉上溢美之词，发表一些无伤大雅的评论，也有机会去发现你和别人之间的共同点——哪怕你们只是聊聊天气。（**就闲聊而言，天气是一个不错的话题。任何时候，它的影响力都是毋庸置疑的。它犹如一份难能可贵的礼物，成为我们聊天时的重要谈资。**）

有一点你需要注意：上班时，你若在电梯里碰到了认识的人，想必会聊一聊。聊什么都可以，但千万别聊工作。

（让我们约定好：永远不要在电梯里说“我收到了你的邮件”。）

我们应该把电梯里的每个人看成是旅行中的旅伴，而非单纯搭乘电梯的人，这样才能聊得起来。在这里，我们只有一个共同目标：去寻找“旅途”中的乐趣。

但是“旅途”怎么样才算有趣呢？你能让它既有人情味又充满意义吗？是不是该谈点什么？谈什么好呢？会议开始前的准备？例会上的饮料事件？还是这次的电梯经历？

能这么想，说明你已经上道了。

·19·
如何比稿

我的工作经常需要比稿。有时我是提议方，有时我是被提议方。我经常会在同一个项目中切换这两种身份。举个例子：一天我打电话给某个客户代表，向她提案，试图说服她我们的杂志才是她的客户下一次接受重要采访的不二之选，但她没接受。这时我是提议方。两个月后，我可能会接到刚才那个客户代表的电话，告诉我现在她的客户要来我们的杂志接受采访了。这时我就成了被提议方。

接下来的讨论，即便我和这个客户代表可能并不熟悉，我们也无须多说什么废话，因为一切都十分透明、清晰。他们的客户选择我们的杂志，有何利弊，一目了然。他们想知道的不过是：占几个版面？是否要拍照？面对面采访还是电话采访？要多长时间？什么时候出刊？如果这些都没问题，他们极有可能会选择我们。

选择我们的杂志，是因为他们觉得我的提案正好符合他们的客户需求。在比稿中，提议方的需求往往是不被重视的，客户需求才是决定一切的关键。

对比稿的建议通常都是集中于提案技巧的，而非内容。比如，你要了解客户；要预先筹划提案；要再三演练提案；要预设将要面临的质疑并做好简要回答的准备，之后还要再想办法把话题带回到你想表达的内容上。这些都是非常有用的建议！但如果提案的内容不符合被提议方的需求，就算比稿做得再好，客户也不会选择你。

把握好了这一点，你就能有效缓解比稿时的紧张情绪了。这是第一点。

第二点能缓解你紧张情绪的办法就是：你要打心眼里相信自己的提案。

……

你不确定是否要相信自己的提案？什么意思？！你当然要相信啊。相信你的提案会改变一切，相信它会赢得荣誉，相信它会改变生活。

一定会这样的。

（注意：如果我还未说服你打心眼里相信自己的提案，那你的问题就不只是提案的问题了。所以，我的建议是：去找点什么让你真正相信的吧，蹩脚的提案只会缩短你的职业生涯。）

下面，我要告诉你如何在提案时看起来信心满满：

一个字——说。

说话！在提案的时候，如果你和我一样，没有进入人们通常所说的“打了鸡血”的状态，那就必须要调整状态了。我知道，这对于我们这些了无生趣的人来说感觉就像在背叛自己的内心，但其实不然。因为，在这里，最重要的不是你，而是你的提案。所以，打起精神来。我的意思是，光有热情还不够，应该再狂热一点。

因为你“相信”，所以你说什么就是什么了。

我在《企业家》杂志的专栏里经常会写到风险投资家。他们对那些打算向他们提案的企业家通常会给出这样的建议：

1. 指出问题；

2. 提供解决方案；

3. 说说你的方案为什么是最好的；

4. 说说你（或你所代表的任何人）为什么要花那么多时间来做这个方案。

提案是比稿中的一个重要环节。如果将比稿的过程比喻成一个长篇故事，那么故事的开端就是提案前的所有准备，故事的结尾则是提案通过后的情景。提案本身是最重要的故事情节，而听你提案的人是故事人物构成的一部分。

这里有个方法，能够测试你的提案是否有竞争实力。

那就是：看着镜子，自己做提案练习。

（注意：不是照镜子，可别照镜子。）

当你提案时，问自己一个重要的问题：你觉得无聊吗？因为如果连你自己都觉得无聊，那么无论是谁在听你的提案，都会觉得无聊。你觉得无聊，很可能是因为你没说到点子上。提案的核心内容应该只需要讲 15 秒左右。有句话说得对，你应该具备在电梯停下来之前完成提案的能力，哪怕电梯只上了一层。

第三点能缓解你紧张情绪并让你在提案时表现得更好的办法是：**坚定地相信房间里的每个人都希望看到你成功**。他们花这么多时间就是想来听一个精彩的提案。这就意味着如果你的提案不行，你立马就能知道，因为你多多少少能从他们身上看到些提示。你可以看清在座的每一个人，他们都在期待你带来一个不同凡响的提案。如果你提案时他们没有反应，而你也没有别的亮点可以展示，那就表示完蛋了。如果他们对你的提案感兴趣，你自然能看到他们做出某些积极的回应，哪怕只是抬一下眉或者点一下头。

什么算是成功的提案？你信心满满、语言精练、浑身充满热情，能恰到好处地引起别人的兴趣，但又不至于热情过度，以至于别人将兴趣从你的提案转移到你的情绪幸福感上来。一句话，相信自己的提案，其他的都好说。因为如果你相信——真正地相信，那你接下来就只需要把它说出来。

·20·
说说激情

21世纪人们普遍认可的商业美德之一——尤其对那些经常需要比稿的人而言——就是激情。

紧张我倒是会有，但激情……

我们有些人是怀疑论者，不会回应别人澎湃的激情，这让那些狂热分子总是感到恼火："他们为什么就不听呢？！"这个嘛，坦白地说，正是激情惹的祸，人们想好好听都很难。问题就在于人们会因过度关注你的激情而忽略了你提案的内容，导致传递的信息变得模糊不清。

开会时你可以抛出一个议题，这是一回事，但怎么说又是另外一回事。你千万不要一上来就说："好了，各位，请听一下！现在我们来说说接下来要做的事情。我们要……"

这听起来就像是米基·鲁尼（美国演员）在集合一帮青少

年“登台表演”以筹得280美元去拯救孤儿院。

你越是激情昂扬，就越显得你不够专业——因为你身上所体现的真性情似乎越来越少。激情一旦过了头，变成了狂热，就会掩盖你的真性情。

但有一种方法可以让你在激情昂扬的同时显得不那么狂热，那就是“热情－抑制－热情”法（或称ETE），之前绝对没有专家提到过。它是指通过间或自我贬低或自我约束的方式来阻止过度热情的情况发生。当你满怀激情地向观众介绍你的产品、方案或者业务的时候，你需要抑制一下自己激昂的情绪，这样才不至于让他们以为你是在一味地炫耀自己的才华。在通往激情的这条高速公路上，你需要时不时地停下来休息一下，做个伸展运动，上个洗手间，或者买点牛肉干。适当地放松下来，环顾下四周，让自己的情绪得以缓和。若是你能谦虚一点，承认——哪怕含糊地承认也行——你的提案虽不错，但并不是最牛的，说不定反而让人更感兴趣。而且，也会显得你清醒理智，不至于被人看成是狂热分子。这样，你的提案就会取得重大进展。

·21·
如何握手

我见过的最会握手的人是坎耶·维斯特（美国说唱音乐人）。那是2011年7月，在长岛拿骚体育馆蕾哈娜演唱会的后台，有人把我引见给了他，然后他握了我的手，说："我是坎耶，我喜欢你的杂志。"

我们来把这个过程慢动作回放一下：

［维斯特伸出了一只手］"我是坎耶。"［开始握手］"我"［有力地握手］"喜欢"［有力地握手］"你的"［有力地握手］"杂志"［有力地握手］。

注意：虽然他说了话，但整个握手过程只持续了一秒钟左右。

一边有力地握着手，一边说着"我喜欢你的杂志"——这就是坎耶的做法。

（此后，这种伴随着恭维的握手方式就应称为“维斯特式握手”。）

值得一提的是，连握手问候这样的事情，坎耶做起来都颇有节奏感。

我这辈子最糟糕的一次握手是和一个励志演说家。虽然我已经尽量避免和那类善用言辞煽情的人交往（很多励志演说家就是背后没有唱诗班的传道士），但新闻媒体工作总让我有机会和各种各样的人握手，那个演说家就是其中之一。他具有那类人的典型特征：过分自信，过分自来熟。他握手时足够有力，但就是一直握住不放。而且，他看着我的时候，嘴里还念叨着我的名字，仿佛这样他就能铭记于心了。他念叨了两次，然后继续握我的手。这种做法代表了励志演说家的经典举动：为了攀交情，他们会超越正常的限度，采取可能最为糟糕的方式来达到目的。（**规律：在那些较为私密的场合，励志演说家总是会大煞风景。**）握手时间太长的话，给人的感觉就像这样：拉住某人不放，试图将他固定在一个位置，以方便刺客暗杀。这会让人很不舒服。若以这种方式来建立交情，真是太糟糕了。

坎耶·维斯特以妄自尊大的牛皮大王著称，但在自我介绍时却大方得体、干脆利落并懂得尊重对方；而那些以鼓动人心为己任的激情派，却只会用阿谀奉承、虚情假意的方式向别人介绍自己。当我听说坎耶·维斯特又一次因为说了诸如“要是我说我不是个天才,那是在欺骗你们,也是在欺骗我自己。”“我就是上帝,怎样?”“我该再挑战一下我的表达方式和穿衣搭配”之类的话而遭到群众炮轰时,我的反应是:没错,他就是这样的人!但是他知道如何握手啊。

握手从其本身来看是很怪异的,这是当然。想想看,握住一个陌生人的手,形成两人之间的接触点,然后有节奏地上下晃动,能不怪异吗?但是它却能创造机会,意义匪浅。

同时,还有点令人担心。因为,搞不好就会把它弄砸了。

有三种做法会搞砸握手。

第一种是握得太久。这种情况总是发生在励志演说家和孤独寂寥者身上。

第二种是握得太用力。这是所有不正确的握手方式中冒犯程度最轻的一种,有示威挑衅之嫌,容易给人造成伤害。

第三种是握得太过拘谨。真想问问他们为什么要这样握手。两手稍触即分,时间过短,这种蜻蜓点水似的握手意味着小心和顾虑,是商务交往之大忌,特别是第一次见面的时候。我在工作中认识几个人,他们每次跟我握手给我的感觉就像是跳华尔兹时,有人走过来跟你邀舞——“能请你跳一曲吗?……为什么不行……那好吧……”这种小心翼翼地试探行为让我觉得他们不够坦荡。也许从其他行为来看，他们是光明磊落的。可唯独这毫无生气地握手，真是不免让人心生疑窦啊。

（过去还有一种做法可看成是第四种：手心触碰。但是这种做法在 20 世纪 70 年代的时候就几乎和前卫摇滚乐以及格鲁乔·马克思一道消亡了。）

很显然，握手应有力，但不宜太用力，时间在一秒钟左右为宜。握手时应上下快速晃动三四次，双目注视对方并微笑致意。这没什么难的，就是很简单的一件事情。

说一说握手的“力度”：握手时用力的关键部位不是手掌，而是拇指和食指之间的拇收肌。握手有力就是要求你四指并拢，拇指张开与对方相握，并让自己的拇收肌和对方的拇收肌紧贴在一起。当你激动兴奋的时候，自然就会想要充分地握住对方的手，拇收肌也会因此而加重力道。但记住，握手只能持续一秒钟左右。

关于握手的问题，已经有人做过研究，并得出了相关结论。

2008 年，艾奥瓦大学的一名商学教授带人做了一项研究。在一次模拟面试中，他们让 5 个不同的人分别跟每个面试者握手。具体来说，这 5 人需主动将手伸至面试者的手附近，但要等着面试者来发起握手的动作并控制握手的力度和上下晃动的节奏。而且，必须等面试者松手之后他们才能松手。然后，他们从5个方面对每个面试者的握手情况做出了评价并打分，即：握手的充分性、力度、时长、热情程度和眼神交流。

之后，这些评分被拿去与另一组模拟面试官给出的录取建议进行了比照，结果显示：在握手环节得分最高的面试者——握手力度适中、接触充分、有较好的眼神交流、上下晃动动作热情到位——最有可能被录取。

握手代表我们的态度，也代表承诺，是商务交往中最亲密的身体接触。在握手那几秒钟的时间里，双方通过一同使出手上的力气来表达他们愿意与对方同心协力、携手并进的意愿。所以，如果你要去和别人握手，那就好好地握。握手要有力，但不能太用力；要热情，但不能过于热情；要注视着对方的眼睛；也许，还可以像坎耶那样边握手边说些赞美的话。握手时间不宜过短，否则就像在走过场，失去了意义；但也不宜过长，否则看起来会很滑稽，或者让人难受，又或者更糟糕——让人觉得很怪异。

·22·

如何应对迟到

纽约有一点是我很喜欢的：这里的人似乎比其他地方的人都更准时。会议通常会准时召开，人们会提前一点去吃午饭，我也不清楚为什么。毕竟，要想准时不那么容易，因为你会遇到各种阻力：地铁故障、无良计程车司机（会因为你建议不走时代广场那条路而赶你下车）、游行等。这类事情太司空见惯了。但纽约人似乎为此都预留了时间，因此很少迟到。

至今为止，我迟到的次数不超过20次。（我能说出这么准确的数字是因为我将它们都记录在了我的“错误登记簿”上。那是一本皮面的记事本，就放在我的抽屉里。）

其中，有7次迟到是因为曼哈顿中城区拥挤的城市交通，这实在是一个不可预知的因素。很多情况你无法预测，比如：为了满足人们对类似《蓬岛仙舞》里的那种梦幻的追求，街道上会惊现双轮马车；美国总统有时会在中城区的君悦酒店发表演说，然后又会因为他想去几个街区之外的联合国总部而封锁交通 20 分钟；UPS（全球最大的快递公司）的送货员将车停在道路中间去送快递，结果却在门口和门卫吹起了牛皮。这都什么事?!

有 10 次迟到是因为我出于道义帮助了别人，搭上了自己的时间。有的是替人换车胎，有的是帮人包扎止血。

其他几次因为太不堪回首而被我完全封存在记忆中了。

对我而言，“早”不是一种状况，而是一种状态。

但也有人认为，迟到是一种更好的生活方式。因为迟到，你就不会一个人孤零零地待在房间里了，也用不着逼着自己去和别人聊天；你的生活看起来充满刺激，因为所有的事情好像都堆积在一起，等待你来解决；而且，你也不必吃派对上难吃的开胃菜，因为早到的人已经先替你尝过了，他们会事先提醒你。

鉴于我已经见证过大约 50 万个别人迟到的例子（这里请允许有小误差），以及我自认为比那些习惯迟到的人要道德高尚，我总结出了一些关于迟到的金科玉律：

不要解释迟到原因。如果你不说你睡过头了的话，别人可能会以为你最后半个小时是去拯救受伤的小鸟了。另外，请注意：在“别人最不在乎的事情”的排名中，“迟到的理由”排在“你昨晚做了什么梦”和“你三岁的侄女有多可爱”中间。

如果你开会迟到了，在到达后的10分钟内都不要提问，也不要表达观点，因为你要说的可能别人已经说过了。

不要问“刚才说什么了”。

早会时，不要做这样的事：打开咖啡的盖子，双手捧住咖啡，将它凑近自己的鼻子，享受咖啡的醇香，然后惊呼一声“哎呀”——泡沫沾到鼻子上了！

呀，你现在在打哈欠！

而且还打出了声！

嘿！快醒醒，你个瞌睡虫！

如果你面试迟到了，不要找任何借口，老老实实地坦白并表示懊悔。你一定要承认自己做了件多么羞愧难当的事情，也一定要坦白到底发生了什么——不管是起晚了，堵车了，还是你平时就这么不靠谱。真实、坦率是重要的职业素质，也是面试官们在面试时喜闻乐见的。如果面试官们觉得你具备这样的素质，那么，恭喜你，他们通常会问：“你什么时候能来上班？！”

不要让迟到成为一种习惯。

如果它已经成为你的习惯，请确保自己足够优秀。你可以有如下几个选择：

1. 准时而有能力（你一定能成大事）；

2. 迟到但有能力（没什么大问题）；

3. 准时但能力一般（没什么大问题）；

4. 迟到且能力一般（你完蛋了）。

·23·
教你如何做到准时

时间管理从来不是关于如何管理时间，毕竟时间是一个已知且恒定的量，去年是什么样，今年还是什么样，不会改变。你无法管理它——只能利用它或者忽视它。当然，你可以在洗澡的时候咒骂它，但这并不会改变什么。

如果你开会迟到了，很可能不是因为你有什么不得已的理由，而是因为你没有为那些成为理由的障碍预留足够的时间。你事先并没有花时间去预测那些可能导致你迟到的障碍。如果你没有事先预测，那只能表示你不尊重你的生意伙伴。换句话说，你自己已然成了障碍之一，阻止你谈成生意。**如果你有心做到准时，就可以做到，因为这并不难。关键是要学会尊重时间。**

在很多情境下我们会迟到或准时，但本章我们还是来讲讲对我们最实用的一种情境吧，那就是：会议。

真是破天荒的头一次，我要来揭示开会准时的奥秘。事实上，已有各路人马均对此做过研究，包括科学家、军队、各种政府机构以及落跑闹钟（自己会到处跑的闹钟）的发明者等。综合起来，有如下方法可做到开会准时：

准时来参加会议。

除此之外再无别的诀窍。没有什么需要学的。

因为如果你有心想要准时的话，就可以做到。只有习惯于迟到的人才会找各种各样的借口：交通、孩子、生病、坏天气，“他们把我的玛奇朵和别人的密斯朵拿错了”等。但这些借口都只说明了一个问题：你本该准时出现在会议上，可你却迟到了，那就是对会议的不尊重。不管会议内容是什么，总之你认为它不够重要。

毕竟，我们一直以来都挺有时间观念的。我们常常会按时吃饭，会在绿灯亮起的时候毫不迟疑地踩油门通过路口，会在别人跟我们打招呼的第一时间就做出回应。所以，当我们决定做某事不准时的时候——对，这是个决定——透露出来的真正意思不是“我很忙”，而是“我不够尊重它，所以我办不到这个世界上最容易的一件事：准时出现”。

迟到是你在通往迟到的路上所做的无数个小决定累积而成的结果。它从来不是在你们约定的时间到来的那一瞬间所做的决定。你可能已为此做了好几天的准备，或者是几个月，甚至是几年也说不定。相较于你的迟到，你没有能力去守约这个问题要严重得多。你若还在苦苦挣扎着要不要准时去开会，不妨告诉自己这个会议比看起来要重要得多，你若迟到就会全盘皆输，就好比——我也有点说不好——发射火箭一样，说哪天发射就得哪天发射，说要发射就真得发射。

假设你就是美国太空总署（NASA）的一员，你的日程安排上全是关于火箭发射的内容，你会如何？看在老天的分儿上，赶紧将那些玩意儿准时送上天吧。

·24·
下班后如何找家好酒吧喝酒

在《时尚先生》工作的头两年，我每周都会到圣多明尼哥餐馆的钥匙状红色大理石吧台去喝三四次酒。那是一家意大利餐厅，位于纽约市中央公园哥伦布圆环边上，那儿的酒吧距离公司最近，还挺不错的。和我同去的一般都是戴维，《时尚先生》的设计总监。他只先我几个月来到这里工作。他喝的是欧本，14年的苏格兰纯麦威士忌，所以我喝的也是这个。若不是因为我是个不怎么能喝的人，他本来可以点榛果汽酒的，而我也应该豪气地来一句："来两杯。"

我们喝了很多。不仅仅是因为喝的时间长，还因为圣多明尼哥餐厅有雷纳托这个纽约最好的调酒师。原因有三：

1. 雷纳托穿带金扣的红色对襟运动衫，穿起来比任何人都好看；

2. 每次我们转头望向窗外的中央公园，等再回头时就会发现酒杯又满了；

3. 他很少说话，但一旦说起来却总能一语中的。所以我们在那喝了很多。圣多明尼哥很快就成了我们的据点。

拥有一个据点对我们来说很管用。它相当于另一处办公室，真的。不是随便一处地方都能成为据点的。它离你的办公室应该不超过5分钟的路程，要不然你不会有规律地经常去。如果第一次在某个地方喝完之后你决定让它成为你的据点，那你在5天之内一定会忍不住再去一次，然后自那以后，至少每周去两次（做到这点可一点儿都不容易）。

被当作据点的酒吧应该有一个说出来不会令人尴尬的名字。以普通名词复数形式命名的通常不可取，例如："我们在'私语'（Whispers）见面吧。"无论对商业伙伴还是其他任何人来说，这都不像是认真的邀请。

调酒师应该偶尔会给你买杯酒。如果他不会这么做，那么即使其他所有方面都无可挑剔，这个地方也不会成为你的据点。

而且，最好的调酒师看起来多少是有点冷漠的。但不擅长交际的调酒师似乎更擅长给人倒酒，还有一点，如果你表现得特别好，调酒师可能会跟你握手。如果他跟你握手，你就要表示怀疑了。一直到你得到更多的信息来确认之前，你都要保持怀疑的态度，因为调酒师和你握手只有两种情况：一种是为了让你多给小费，一种是想表达“谢谢你，让我工作得如此愉快”。但几乎没办法来区分这两种情况，所以你不能根据握手来做任何判断或决定，包括这个地方能不能成为你的据点。

点酒的时候看着调酒师的眼睛，直视他，这样有利于套近乎。但很多人不会这样做，就像有些人不会说“谢谢”一样。

然而，拥有一个据点也会带来问题——特别是当这个据点是2005年左右的圣多明尼哥餐厅时——问题就是：在那喝酒太舒服了，不知不觉就会喝多。

我刚来《时尚先生》（和圣多明尼哥餐厅）那阵，就经常发生喝多的情况。纽约很容易让人这样。毕竟，你不用开车回家。但我之所以喝酒，是因为我觉得我需要借此缓解工作的压力，并减少在纽约生活的怪异感。

我在纽约工作的头两年一直在消磨时间。我工作很努力，每天晚上会干到七八点，然后走去酒吧。再乘地铁回家，坐在我家的窗台上，脚踩着消防梯抽烟。我不是个烟鬼，就算抽烟我也不算个烟鬼。我这么做只是觉得坐在窗台上两眼空空地望着前方着实太奇怪了。（抽烟的唯一好处就是让那些无所事事的人看起来没那么无聊。）所以我就抽烟了。这让我得以了解我居住的这片环境。我看到了有人打架，看到了自行车被盗，看到了有人进行毒品交易，5分钟后买卖双方就开始迅速逃窜，接着车上跳下来的警察就将他们给逮捕了。我还看到了纽约大学带着浓浓荷尔蒙气息的大学生游走于不同的聚会之间；看到了有人酩酊大醉，情况比我喝酒时严重多了；看到了摩托车队带着刺耳的声音从午夜的第八街呼啸而过；看到了街对面的一家商店门口发生了深夜性行为；看到了一个男人推着购物车若无其事地走到马路中间，拉下他的裤子就大便，好像这是一种完全可以接受的行为。我看到了纽约。

不管怎样，我觉得我应该喝一杯。所以我喝了。偶尔，喝酒的时候，我会拿出笔来，随意地记录一下当时曾有过的灵感和想法。

利用喝酒来缓解压力很容易，但利用它来谈工作则需要遵循一定的规则。如需建议，请看下一章。

·25·
如何边喝酒边工作

为了有效工作、有效喝酒，你现在必须明白喝酒对哪类工作有利。想知道答案的话，一定要听听科学家的说法。因为，他们已经对此做过研究了，真是不可思议。以下就是他们的研究发现：

瑞典心理学家认为，虽然喝酒可能会妨碍做某些事情，比如组织或实施一个方案（阅读、做演示或是其他什么），但它却能提升洞察力和“孵化”新想法，因为酒精能促成“思想的流动”。

伊利诺伊大学心理研究人员近来表明，一直喝伏特加和蔓越莓汁调制的鸡尾酒直至血液中的酒精含量接近超标时，人们在做词汇联想题的时候比清醒的人速度更快、准确率更高。随后一年他们又发现，那些微醉的人更容易注意到系列图片中的细微变化，但在记忆力方面要比清醒的人逊色些。

美国人的研究结果与瑞典的如出一辙，那就是：酒精可以使你在某些工作上的表现更出色。它能帮助你洞悉细节，还能促进思想的自由流动，这些正是头脑风暴所需要的。所以，一定要确保以正确的喝酒方式来匹配它适宜的工作类型，这一点很重要。

喝酒时不宜做的工作包括：

- 手术
- 奶酪制作
- 综合格斗
- 贴花
- 空中飞人艺术表演

喝酒时宜做的工作包括：

- 集体探讨新的手术方案
- 开发奶酪制作新方法
- 打口水战
- 设计贴花样式
- “嘿，恩佐，加上第五个怎么样？！”（赶紧动脑筋想一想。）

喝酒有利于工作，但主要是指头脑风暴类的工作。

很多人都赞成这个观点。

波斯人曾一边喝酒一边管理帝国。希罗多德告诉我们，他们会“在酒意上头时审议重要事务。翌日，当他们清醒之后，头天晚上在谁家喝酒达成的决议就由谁家的主人呈送上来。如果通过了，他们就实施行动；如果没有通过，就将其搁置一旁”。

丘吉尔曾一边喝酒一边发动战争。1941 年，他出访美国，入住白宫。在那期间，他就要求早餐前要提供一杯雪利酒，午餐前要提供少量苏格兰威士忌和苏打水，以及就寝前要提供法国香槟和 1990 年的白兰地。他宣称：“我从酒中获得的益处已多于它对我身体的伤害。”

职业棒球大联盟的全职捕手皮伦斯基给出了更直接一点的说法：“有时候（在比赛中）很煎熬，然后就会对自己说：‘嘿，知道我现在需要点什么来让自己冷静下来吗？啤酒。’”

边喝酒边工作是行得通的，哦，只要你不喝醉。

多年来，我一直践行着边喝酒边工作的做法，已经发展出了一套不醉酒的理论。现在，我要在此首次将它公之于众。理论的核心内容包含以下两点：

1. 不要喝太多。

2. “服务员，你们提供食物吗？”（千万不要空腹喝酒。）

喝酒不是为了买醉，而是为了减负、解压——来自办公室政治和实际工作的压力。工作时适当地喝点酒，可以帮助你激发灵感。你无须刻意去创造什么，只需保持大脑的清醒。喝到一定的时候，你自然而然就会有想法了，但这个喝酒的度一定要把握，别喝太多。所以，今天下午最多两杯就够了。

我是在圣多明尼哥餐厅学会了喝酒，也是后来才慢慢地（不是一开始……刚开始我很冲动草率）学会了怎么才能不喝多。

我的经验可总结为几条简单的法则，这些法则不管是过去还是现在，都让我受用。而且，它们全都包含了数字“20”。

饮酒者之“20”法则：

- 喝酒少喝 20%。
- 说话的音量只用你觉得合适的音量的 20%。
- 心里的想法少说 20%。
- 摇滚乐团 Matchbox 20 的歌响起时，问酒保是否能换一首。
- 提前 20 分钟离开。

工作时喝酒应同时兼顾热情和克制力。为了体现热情，你可以多喝点儿，但也要注意克制自己，不要喝多。该热情的时候热情，该克制的时候克制。

喝酒时你会觉得很放松，这是当然。你也会发现自己说话很率直。每次喝酒都会出现一个时间点，在这个点上你醉意阑珊，想要一吐为快，但尚有理智提醒你要谨慎，要克制住自己不乱说话。这个点就是你努力要维持的临界点。你希望自己能够直言不讳，认为这是一种责任；要是不负责任，那就是犯了很严重的罪行，就跟一小时前你坐在办公室里无所事事的行为一样恶劣。所以，你得挺住，得维持这个临界点。你要尽量多听少说（开会时这样做总是明智的）——不管喝没喝酒，这样做总不会错。

我已发现对我来说，维持这个临界点的最好办法就是只喝一杯酒，不多不少。

但这似乎总是计划，却从来做不到。每次去喝酒都是这样的情况：库尔克走过我的桌前，对我说："咱们去喝一杯吧。"尽管我早就知道这一杯会变成两杯、三杯或者四杯，但去了后还是会费力挣扎一番，决定是否要再喝一杯。然后，就喝了，一杯接一杯。再然后，就指不定会发生什么事了。说话的时候，你开始拿食指去戳人家的肩膀；不管是谁，你都给人家发短信说想他；或者，你开口就唱。

但我喜欢只喝一杯。不过，至少要像雷纳托端来的酒杯那样，倒得满满的。在圣多明尼哥餐厅，一杯总是差不多相当于两杯的量。但它仍然算是一杯，怎么说也是一份酒水盛在一个杯子里啊。

如果只喝一杯的话，你便不会被困其中而无法脱身；你的健康不会受到损害；你不会多愁善感地伤春悲秋——至少不是因为喝酒的缘故；你不会太大声地说话；你明天不会因为醉酒而难受；你不会花费太多的钱；你不会一个劲儿地想弄明白为什么那边那个人一直在看着你，而且有意思的是，他的品位似乎跟你差不多呢，现在正瞪着你看呢——随即你便发现：哦，原来那是面镜子！（以前我就发生过一次这样的事。）所以，喝一杯是恰到好处的，一杯就好！

·26·
工作聚会如何开始

有一件事我在刚开始工作时是不懂的：**工作聚会并不是聚会，而是有免费酒水提供的场外工作会议。**地点则是在办公室外的某个据点，比如街道对面的希腊餐馆、7–11 便利店的咖啡吧，或者某个凄凉的小院——伺机跳槽的人会跑去那里和未来的雇主打电话谈新工作的事。总之，虽然你人不在办公室，但你仍然在工作。

而且，你还会喝酒。

说到喝酒，你一定以为工作聚会的重点是跟喝酒有关的吧？比如说，喝酒时说什么，说多大声，喝多少之类的。但其实真正的重点应该是喝酒前和喝酒后，关系到工作聚会如何开始以及如何结束这样的决策性问题。只要把这两件事情做好了，中间的过程就都无所谓了。

职场需要各种各样的指南，工作聚会也不例外，也许更需要。

在工作聚会上你最喜闻乐见的一件事，也是我们在平时工作时总奢望的，那就是：拥有随时离开的自由。

为了实现这个目标，你首先要学会如何开始一个工作聚会。以下指南可供参考：

尽早跟必要的人打招呼。径直走向你的上司、场地的主人以及其他你想要打招呼的人。

尽量站在离食物或厨房较近的位置，方便你取食物和早点吃上食物。烤鸡味棒棒糖？谢谢，不吃。味噌银鳕鱼？我考虑一下。仔骨龙虾千层酥？这个好，来两个。

吃完这些之后，现在你可以去喝酒了。

赶紧去喝吧。喝完之后可以考虑再喝一杯。如果有必要的话，再喝第三杯或第四杯，但千万不要把这种开放式的酒水台当成自助餐厅的那种，喝个没完。你走过去，喝了你的那份，然后就可以返回聚会了。否则，你可能一不留神就喝下了7杯白兰地，造成的后果就是你会出人意料地将鹿角头饰套在你的下巴上，张着大嘴冲人眨眼睛，跳滑步舞，而且还会不尊重别人。

所以，正确的做法是：

喝酒，但把握分寸。

然后，享受聚会的过程。

再然后，离开。

什么！你想留下来？哦，不！你该走了。

你不想走？那就阅读下一章吧，然后再做决定。

·27·
工作聚会如何结束

你永远不会后悔早点离开了工作聚会。

那还等什么?

就现在。

现在就离开。

准备好了吗?

还没有?

太好了,那正说明你应该离开了。这些与工作有关的活动,你每次都应该在打算走之前就离开。因为,喝酒会让你产生幻觉,让你自以为这样会更开心,这是它的功效之一。功效之二就是它会让你事后追悔莫及。所以,还不赶紧走?

具体做法如下:不要告诉任何人你要离开。没人有必要知道你要走了,因为他们根本就不在乎。不要道别。不要让事情变得复杂，走就是了。也不要走到那边去和你的上司道别。你刚到这的时候已经和他打过招呼了。他现在看起来像是想和你说话的样子吗？所以，赶紧走吧！

这就是爱尔兰式离场——简单地离开，不必道别。为什么叫“爱尔兰式离场”？不清楚。其实在爱尔兰，人们是喜欢道别的。他们把道别看成是一种艺术形式，因此会花上很长时间。“爱尔兰式离场”可能就是因为爱尔兰人试图逃避这种爱尔兰式道别吧。

不管怎样，我们现在没时间道别。你只要走出去就好了，不要再折回来。没有人会在意你的行踪，也没有人想知道你在哪里。相信你一定会为自己的这个决定而感到庆幸的，但不是现在，而是明天。

离开吧，属于你的这场聚会已经结束了。

·28·
工作聚会上你应该去跳舞吗?

以下问题，请选出符合的答案，然后将所得分数相加，这样你便知道工作聚会上你是否应该去跳舞了。

1. 工作聚会开始多久了?

A. 刚开始。（25 分）

B. 几个小时。（4 分）

C. 不知道。（2 分）

2. 哪个词最能描述你平时对跳舞的感觉? 请选出来。

A. 无聊。（8 分）

B. 其他。（4 分）

3. 现在正播放什么类型的音乐?

A. 雷鬼音乐。（6 分）

B. 非雷鬼音乐。（8 分）

4. 你曾经是否干过舞者类的工作?

A. 是。（0 分）

B. 否。（8 分）

答案

任意分数：工作聚会上你不应该去跳舞，这么摇头晃脑的行为你不应该有。

·29·

如何祝酒

我对别人祝酒的情况总是印象深刻。

你可能会结结巴巴，可能会忘记提某人的名字，可能会说很长时间的话。但你是否希望自己能说出简练而周到的祝酒词并愿意为此而努力呢？如果是，那么恭喜你！为你干杯，朋友！

我开始在纽约工作后，祝酒的机会就大大增加了。这是个热衷祝酒的城市。过去的10年里，我听过很多的祝酒词，也祝过很多次酒，不管是在周年晚宴上，还是在告别酒宴上，抑或是在庆功宴上。在这些场合，人们时不时地站起身来，饱含感情地提杯祝酒，这具有非常重要的意义。成功的祝酒是普通白领最令人难忘、最动人的公共演说之一，在鼓舞士气方面发挥着不可思议的效力——正是因为他们摆脱了常规的办公室生活的桎梏。他们借由祝酒来表达友好和尊重，让祝酒对象终生难忘。

祝酒宜早。它可能不是上桌后的第一件事，但也应该安排在差不多刚开始那会儿。

祝酒时，你可以提高嗓门说话，以让他们安静下来。

要站着。

要让酒杯始终保持在与你的胸部平齐的位置。

如果你的胳膊累了，那么，很可能是时候结束祝酒了。胳膊的劳累程度就是天然的祝酒计时器。

注意：不要用你的另一只胳膊托起你端着酒杯的那只胳膊以便延长祝酒时间。最好是就此打住，结束祝酒。

请你固定在一个地方。不要“满屋子走动”，那是励志演说家们的做法。

你在网上找到的任何“传统的爱尔兰式祝酒”的方式都不建议借鉴。若是在科克以外的别的酒吧听到类似“愿你的邻居尊重你，愿烦恼远离你，愿天使……守护你（或是天使对你做别的什么之类的，管他呢）”这样的祝酒词，那可一点儿都不令人振奋和感动呢！

记住这条指导原则，一个词：言简意赅。

我已发现，祝酒时唯一需要担心的就是人名，害怕会忘记某人的名字。但这是可以避免的，不要试图说出每个人的名字就好了。曾经有一次，我的上司让我给为《时尚先生》撰文的写作团队敬酒，他们都是我钦佩的人。我先是提及了其中一位作家，说他是什么什么的代表人物。然后我看到了他旁边的那位作家，他也是差不多的代表人物，所以我也提他了。那何不继续下去呢？于是我又提到了旁边的另一位作家，以及我的一位同行编辑。一圈下来，我已经提到了大约20个人名，就差没把服务生也提到了。原本好好的一次祝酒就演变成毫无意义的点名练习了，简直就像在检查出勤，不然怎么会对名字如此用心？

你可以说："敬在座的每一位。"很简洁；你可以说："没有你们的付出，又哪来我们的成绩？"笼统但不失谦和；你可以建议："请为自己鼓掌。"便于拖延时间；你可以带头起哄："史蒂夫，（稍做停顿）史蒂夫，史蒂夫，史蒂夫，史蒂夫，史蒂夫。"便于拖延更多的时间，并将所有人的注意力都集中在史蒂夫身上。

如果你真那么说，那就真的是为祝酒而祝酒了。那样的祝酒词空洞乏味、毫无意义（史蒂夫可能不这么认为）。这倒没什么大问题，但是你要知道，祝酒其实是一个大好机会，可以借机表达你的感情，传递你的心意。若不好好利用，岂不可惜？

祝酒词若说得好，别人将永远记得你。记住一点：当你面对一群人祝酒时，你的目标就是要引起他们情感上的共鸣。说到祝酒，人们总是过于重视幽默的作用，而实际上，情感才是真正的关键所在。

几年前我采访了唐·里克斯（美国讽刺喜剧演员）。关于祝酒，他是这么说的（大概是这个意思）：“不需要准备什么，在结束时表达情感即可。”他能轻松地说出这样的话，是因为他可以在祝酒开始之后、结束之前毫不费力地表演滑稽戏，带来理想的幽默效果，为祝酒添色。但这种滑稽戏表演是需要技巧的。要么你是专业的喜剧演员，要么你就是致力于达到专业水准的非专业喜剧演员。滑稽戏或多或少地带有冒犯性，否则便很难成功。这是它的特点，同样也是它表演起来很棘手的原因。

如此看来，我们明智的做法是将情感贯穿于祝酒始终，以情感制胜，以达到祝酒的目的。至于幽默，就顺其自然吧，该来的时候就会来的（它经常会在我们无比真诚之时奇迹般地出现）。就算没有滑稽戏，祝酒有时也照样能让人记忆深刻，因为持久地表达真情实感本就是一件令人震惊而难忘的事，只不过人们一说到祝酒就过分强调了它的幽默效果。

祝酒时可以看提示吗？

当然，但是不看会更好。

万一我忘了要说什么呢？

你一定不会的。

万一我漏掉了什么呢？

没人会漏掉他认为很重要的事情。若真是重要之事，又怎会漏掉？

但如果我想讲清楚某个意思呢？怎样才能不搞砸？

没有人真正在乎你的意思，他们在乎的是自己会不会被打动。祝酒的意义就在于别人听完你的话之后会喜欢自己（和你）更多一点。那些“祝酒提示”，其实就是罗列了一些事项，可能对你有用，也可能对你没用。若你起身祝酒时没有参考“提示”，那就说明你所说的都是肺腑之言。

你可以提前想好祝酒词，或者在办公室做个笔记也行。但是一旦你站起来面对所有人祝酒时，就不能再看“提示”了。

想象一下你现在并不是站在你的同事中间，而是在一个烧烤聚会上正和某人说着话，你会怎么跟他聊你的同事？想清楚要说的话，通常省略掉那些无用的，然后就可以祝酒了。

每次的祝酒词都应该是独一无二的。它应该是那一刻，当你起身看着你所欣赏（也可能是喜欢）的那些人时，内心油然而生的一种感受。这就是为什么一份好的祝酒词总是言简意赅却能打动人心。祝酒词不需要冠冕堂皇，也不需要面面俱到。你不是亨利五世（英格兰兰开斯特王朝国王，1413 年至 1422 年在位），也不是吉恩·哈克曼（好莱坞演员），确保你的祝酒词能引起他们情感共鸣的最佳方法就是不要过于恭维和赞誉。然后，惊喜就会出现了。他们感到惊喜，你感到惊喜，服务生也感到惊喜。祝酒就该这样，让祝酒的人和接受祝酒的人产生相同的感受。

最妙不可言的是，不论你以为自己把事情弄得多糟糕了，还是以为自己漏掉了什么，又或者你以为错引了哪位“智者”的话，最后你都可以按照原订计划以可能的最佳方式来结束祝酒：喝一杯。

·30·
祝酒时绝对不能说的话

“再者……”

“呃……”

“无论何时，他都会挺身而出。”

“让我们来低头感谢吧。”

“事情大致是这样的……”

“在我结束讲话之前……”

“看，尽管我们形势危急，但是……”

“这里可真热啊！”

“喝……”

“我告诉过你让你闭嘴了。”

诸如此类。

·31·
害怕做演讲怎么办?

祝酒词和在众人面前讲话完全不是一回事。

随着你的事业蒸蒸日上，你在公众面前讲话的机会也会随之增加。你需要在全体员工面前发言，你需参加“专题讨论会”，你还要给大学生们提一些建设性的意见。

这是我亲身经历过的一件事：在我紧张的时候，我一个劲儿地咽口水。一分钟我们能吞咽口水的次数令人吃惊。平时我们一直做同样的动作，但从未在意过。当我要发言时，吞咽这个动作会变得非常清晰，因此，我担心听众会看出我在吞咽口水，然而我只是……不能让这样的事发生，于是这就成了一个问题。我必须停下来，做个鬼脸，试图抑制其发生。但我却喘不过气来，因为我在吞咽时，无法呼吸。做完这个怪异的动作后我气喘吁吁，任何办法都不管用，我想离开讲台，走出这座大楼，回到我的公寓，躲在被窝里。

这曾经是我几乎无法控制的焦虑。有一次，专题讨论会前，早上 8 点 15 分，我从冰箱里拿出一瓶伏特加，直接对着瓶嘴喝了一大口，我以为酒精能使人兴奋，可以让我在短时间内放松神经，但是到 9 点钟我要做演讲时它的作用却消失了。（是的，我意识到这是一个警告信号。）我转而使用具有同样效果的赞安诺药片，只有药物的效果能持续整个演讲过程。

使用药物治疗也存在问题。虽然药物能缓解演讲时的焦虑，但同时也能麻痹优秀演讲者必须具备的素质——专注和热情。

不过，我认为对我最有帮助的是要正确理解下面两点要求：

1. 使用一定的规则来完成演讲；

2. 真正有效的演讲需要忽略规则。演讲就是在对话，这样演讲就成了演讲者在与一群拒绝参与谈话的人对话。

不进行大量的实践，你永远都无法达到第 2 个要求——而这些实践不仅仅是简单地多做几场演讲。直至目前，对我最有效的是下面几条规则。

借用公式写演讲稿，有许多公式可供选择。

可以遵循古老的法则：

1. 向听众介绍要演讲的主题。

2. 讲给他们听。

3. 总结刚刚讲过的内容。

可以用戴尔·卡内基式的魔法公式：

1. 先讲一个与演讲主题相关的、动人的个人故事。

2. 为听众推荐可采用的具体行动。

3. 简明清楚地解释采取该行动的好处。

可以采用丘吉尔式：

1. 将杜松子酒倒入搅拌杯中，不加苦艾酒，加入冰块搅拌，然后倒入马提尼杯中，饮一口。

2. 引用名言警句或讲故事，慷慨激昂又振奋人心地开始演讲。再饮一口酒。

3. 用一句话凝练其中心意义，并使其成为演讲的焦点。再饮酒。

4.演讲时，要使用简明语言。再饮酒。

5. 演讲要有描述性。再饮酒。

6. 结束语要具有震撼力。再饮酒。

你也可以采用 TED（环球会议）演讲式：

1. 以讲述自己的故事拉开演讲的序幕，阐释为何这个演讲主题对你很重要。

2. 讲述另一个自己的故事。

3. 再讲一个故事。

4. 达到自我满足的巅峰，结束这场 TED 式的演讲。

5. 用一句话对你所讲的故事做一个完美的总结，让人们产生立刻将其分享到朋友圈的冲动。

演讲方式可以别具一格，但其共同的基调应该是简单、感人并有逻辑可循的。

在规定的时间内完成演讲。从未有人在演讲结束要离开时，说："我希望再多说两分钟。"

整个演讲期间，你可以注视 5 个人，每个角落各一人，加上中间的人。真的，注视他们，与他们交谈。想象你正在回答他们 5 个人共同提出的问题，讲给他们听。偶尔强调一下"你"。说"我很荣幸站在这里与你交谈"要比说"很荣幸站在这里"更有魅力。

张嘴讲话时，要比平常夸张一些。要像歌剧演员那样，嘴要张大一点。

大声讲话，再大声一点！

要知道每个人都会支持你，他们与你一样想让演讲有趣，想要你成功。

好了，那样声音太大了！

·32·
演讲的禁忌语

“一位伟人曾说过……”

“一切可追溯到……”

“人们……”

“在这一天结束的时候……”

“抱歉，我有点情绪激动。”

“于是我对那位女士说，‘嘿，女士！……’”

“我知道时间不多了，但我还有12点要讲。”

“德国人的铁蹄几乎踏上了敦刻尔克！几乎，但还没完全踏上。因此我们要在海滩上战斗……”

“在此我要告诉你：这个伟大的人就是我。”

“哦，请原谅，我得咽一下口水。”

……

·33·
服用赞安诺后如何演讲

好，下面我们一起行动起来！我会一直支持你！此刻……我知道你的感受。你就像刚吃完一份布朗尼，紧接着喝了野火鸡101牌威士忌，又服了三分之一剂量的安眠药一样。你昏昏欲睡，但还完全清楚自己的责任，然后……呼呼睡着了！

醒醒！

首先，你可以自由吞咽吗？可以？很好。

能说出ABC吗？能？很好。

能单脚站立吗？能？很好。

你相信“霍尔与奥兹[①]”从未用过这个名字，而是一直称自己为“达瑞·霍尔和约翰·奥兹”吗？不信？对。

---

① “霍尔与奥兹”是20世纪80年代美国一个超级二重唱组合的名称。——编者注

你要做的是：

在街区散散步，吸足氧气，让神经紧张起来。

站直，挺胸抬头，这样更易于……

深呼吸！不要用喉咙呼吸，要用腹部呼吸。

记住你的第一句话，把它写下来。但如果一定要读一下，那就读吧。这是开场白。搞定它，你就已经成功了一半。

要记住：听众都在为你加油。人人都想尽兴，人人都想开心，都想有所收获，都希望你表现出色。（这就谈到了重点：**一开始，你就必须假定每个人都会为你加油！**会不会有人希望你失败呢？会有。你有证据吗？没有。那就往好处想，然后继续。不仅仅就演讲而言是这样。每天你去上班，无论是开会、在走廊里、在微波炉旁，还是在你察觉到一个正泡茶的怪人向你投来冰冷的目光时，你都要认为每个人都会支持你。（不要让假想的敌意给你带来负担。）

要明白谁也不知道你会妥协让步，没人知道。

现在走出去，坚持住。

为了确保万无一失，再次单脚站立。看到没？你如此完美。

·34·
如何与“重要”的人交谈

“重要”这个词很难定义。在我的职业生涯中，它意味着显要，甚至著名，它也意味着对我的职业生涯很重要的人，不仅包括名人，还包括各种同事——助理、同龄人、老板、未来的老板以及工作中接触到的其他人：公关人员和其他传媒人士。这些人对我来说都很重要，即使他们不知道我的名字，或只与我有一面之缘，我也很重视和他们的关系。2011 年，我为《时尚先生》杂志写关于蕾哈娜的人物传略。她对我特别重要，不仅仅因为她是一名超级巨星，更是因为她让我有机会为《时尚先生》杂志深入地写一篇名人的故事。我笃定这次任务定会屡屡碰壁，但是处理好“我与蕾哈娜”之间的“笔者与采访对象”的关系，对我的职业发展十分重要，就像工作中处理好和一位极具天赋、尽职尽责、能帮助我更好地完成工作的助手的关系一样。这些关系无论对他们还是对我可能都意义非凡。下面是我与对我很重要的人之间交谈的技巧实例。在这些例子中，有些人很特别，有些人甚至是特殊群体，希望每个例子都能够让你有所收获。

· 其他公司的对手 ·

可以向其他公司的对手透露一些信息，不要一直沉默，要放松。在竞争过程中，表现得过于冷漠会显得很被动，表明你很紧张。竞争者不是永恒的敌人，而是潜在的同事和盟友。

· 聚会上的“包打听”·

如果聚会上有人向你“打听”有关你公司的事情，而你又觉得不方便回答时，可从下面的回答中选择一种回复方式：

“谁知道呢？”

“很难说。”

“这取决于很多因素。”

“做你该做的事。”

“你为什么想知道这个？”

“但是你不觉得这只是其中的一部分吗？”

“我们尽己所能吧。”

· 调酒师 ·

最近10年发生了一些变化，过去我们常常和调酒师谈论我们遇到的问题。而现在我们会和他们聊自己酿的苦味酒或者是刚点过的饮料，或是某瓶鲜为人知的黑麦威士忌，也可以说说你的问题，或是问问他们遇到了什么问题。

· 超级模特 ·

我为《时尚先生》杂志写的第一个封面故事是超级模特芭儿·拉法莉的个人传略，于2009年7月发行。她是《时尚先生》杂志的封面模特，在摄影、超模、剧本和人体彩绘等方面都极富灵感。那天晚些时候要拍的照片会涉及斯蒂芬·金的短篇故事，故事中的前几个词会出现在期刊的封面上，因为要把这些词绘制到芭儿·拉法莉的裸体上。这就是为什么我会和她单独坐在切尔西码头冰冷的长椅上，看着她吸烟。切尔西码头位于曼哈顿下西区，紧邻大型多功能综合楼群，那里建有许多健身俱乐部和摄影工作室。

我不习惯采访名人，虽然拉法莉不是很出名，但当时她正与莱昂纳多·迪卡普里奥热恋，所以算是我采访过的人中最有名气的一个，因此，我很紧张。

我们一起坐在长凳上，望着银灰色的河面。她只化了淡妆，穿着法兰绒衬衫和紧身裤，抽着烟。她天生的蹙眉看起来就像有意为之。我们是曼哈顿市中心的记者和超模，但看起来却像是一对刚吵过架的夫妇在俄勒冈州的本德市等巴士。

也许她对我的提问感到无聊，我想一定是这样。

采访名人难就难在他们大多都是准备谈自己的“计划”，这是一个不成文的规定。你给我们时间，我们会在故事中了解你的计划，真是无聊到爆。谈一个“计划”就相当于一场营销演说。他们已经彩排好了谈话要点，不想离开脚本。

但也并不都是这样。在众多演员中，只有喜剧演员例外，采访他们总是会令人满意的。因为他们为了谋生，要想出精彩的回答。采访对喜剧演员而言只是一些提示，提醒他们说新的话题。克里斯·洛克应该最擅长这个，帕顿·奥斯瓦尔特和路易斯·C. K这方面也很出色。

问一些我本不感兴趣的事让我颇有压力，而这种压力往往会带来奇怪的效果。我患有间歇性的人格障碍。当时在采访期间，就感觉不像是自己在说话。我的嘴在动，在发出声音。但声音好像不是我的，像是一个表弟的声音，一个不太聪明的表弟，说话过于“绝对”，我精神恍惚了。

结果使采访变得无聊、尴尬而且毫无生机。

15分钟后，我就问完了笔记卡上的所有问题，不知道还要说些什么，我问她：“呃，你是怎样当一名模特的？比如说，怎么做？”

“你是什么意思？”

“要怎么做？有哪些技巧？”

“当模特是有一些窍门的。你需要让手掌和手指看起来修长。”

于是她把手指做成爪子状，继而展开。她像一个芭蕾舞演员那样伸出她的腿，与脚形成一条优美的线条，还设法让自己的锁骨更突出一些。

当谈到模特的工作时，她站了起来，做起了现场表演。欣赏表演是需要懂行的。看上去她好像并没有更美，只是更轻盈，更高挑，似乎与她的站位有关，感觉与周围环境融为一体，也显得更自信了。“像是与平常人唠家常”是和名人对话最有效的方式：你会想到他们整天忙着做很可能无人问津的事情。因此对于这些事他们会思虑周全，回答起来很实际又富有内涵。

歌手往往对如何排练、如何掌控舞台、如何与歌迷对视等有很多想法；水管工会对地球引力有大量的思考；保险代理人会对风险颇有见解；模特会对身体有很多考量，不仅要考虑手臂、腿要怎么做，还有手指、脚趾要怎么做都要加以研究。

人们喜欢谈论他们为了谋生所做的努力。不是工作，而是努力。

在把斯蒂芬·金故事中的前几个词绘制到她身体上时，超模处于裸体状态，而这时你需要在现场做校对工作，你是照相馆中除拍摄人员外唯一有资格在场的人。

嘿，伙计，你能做到吗，“阅读”她？

什么？

为了确保不出任何差错，你能“阅读”她吗？

只是眼神交流，眼神交流，眼神交流！一边对着她微笑，一边向芭儿·拉法莉走去。和她进行眼神交流时，她不会对你笑。因为她赤裸着身体，身上写着斯蒂芬·金的故事，而一个她刚刚认识的人怯懦地对她说：“不介意的话，我要校对了？”尽管她没对你笑，你也应保持微笑。停止目光接触，还要保持微笑。要校对三次，记着检查标点符号，然后说“谢谢”和“再见”。

· 工作中哭泣的模特 ·

要知道哭是人面对压力时所做出的生理反应，会让人感觉好些。当模特感到紧张和难过时，哭泣是让她们情绪好转的开始，那么就让她们哭吧。不要说“请别哭了”，或是“没必要哭啊”。哭是情感的宣泄，你不要抑制它，但不要承认对方在哭。正常说话，就像没听到哭声一样，一直说下去，直到她们不哭，原谅自己为止。然后把聚光灯移开，讲述一个你所经历过的类似情形。必要时，你可以讲个寓言，也可以背诵一段林肯的“葛底斯堡演说”，但就是不能让气氛安静下来。聚光灯只会让她们更为尴尬，甚至感到屈辱，所以要把它移开。

· 广播和电视主持人 ·

不要去想观众，关注要采访的人，聚焦要采访人说的每一个字，这个并不难。你的目的是采访，这时你是世界上最重要的人。一次对于双方而言都很精彩的采访需要集中精力，积极参与和尽善尽美。就像第一次约会那样谈话，认为自己所说的一切都很美妙，富有风趣和具有独创性。认真地听对方所提出的问题，就像你在回答问题一样兴趣盎然。

· 著名说唱乐手 ·

站在地处 41 街和第八大道的 G-Unit 说唱乐团办公楼入口处，我有点忐忑不安。

为了《时尚先生》杂志长期编办的“我学会了什么”专栏，我要采访“50 Cent”，即柯蒂斯 · 杰克逊三世。这个专栏只记录受访者所说的能体现他们关于美好生活的智慧的话，所以必须要深入采访。我不得不时刻小心翼翼，因为我要采访关于他的音乐；关于他母亲的死，尽管那时他还小；采访他的犯罪生活（或者说是“骗人”事件，因为这件事总是被不清不楚地提出来）；还要采访他“九枪不死”等很多事。的确，很多问题都需要谨慎处理。就像他在歌词里唱的那样，“许多人都希望我死，瞳孔灌满鲜血，我什么也看不见”。这绝不是讽刺。因此，我很紧张。更不用说 G-Unit 说唱乐团的办公室当时正在翻新，所有的工作人员都挤在一两个房间里，唯一可用来采访的是一个正在施工的屋子。工人们手里拎着锯、钻、锤和角磨机进进出出。

后来我见到了他。

与“50 Cent”的这次见面［他向我强调他的名字是“50（Fifty）”，而不是“菲迪（Fiddy）”］，从头至尾令我印象最深刻的就是他的微笑。

该如何描述“50 Cent”的露齿微笑呢？不妨这样开动一下你的脑筋：想象有40只小猫在眨眼，或者想象向日葵对着你竖大拇指，或者想象一只熊猫穿着《欢乐满人间》中迪克·范·戴克在公园漫步时穿着的服饰，在向你致敬，“很高兴见到你哟”！

我们握手时（全掌，力度适中），他仍然微笑着，说：“这会是一次有趣的采访。”

注意：如果你被记者或其他人采访，以这种微笑的方式开始是很有效的，因为它完成了三件重要的事。

1. 这让我消除了紧张情绪。（采访的名人对象从未也绝不会在采访前说出这样的话。他们通常会说：“很高兴见到你”，其实某种程度上他们的表现并非如此。然后盯着你，目光就像你在看医生时盯着墙一样。）

2. 这确保了采访将会有一个好的结果。

3. 这就像是对我说：“我想过这个，这很重要。”

可能他对所有的撰稿人都这么说，这纯粹是客套话，但却让我很放松。

并且我也需要放松。

在采访期间，每当电钻、锤子、角磨机发出刺耳的声音时，他就把录音设备放到嘴边以便录音清晰。这体现出了他的细心、周到和体贴，也表明了他既是一名采访对象，也是一个合作伙伴。

我喜欢阅读采访他后刊登出的这篇文章。不只是因为他说过的话："不要等他们告诉你，你要先告诉他们。""嘻哈音乐是傲慢的，因为嘻哈人很傲慢。""总有保释金。"更是因为它的成功之处在于，当我们见面时，"50 Cent"对我说："你也很重要。"他希望和我在一起的那段时间不是虚度时光，希望有惊喜、有喜悦，希望每个人都放松，他希望得到支持，希望这次采访会带来乐趣，事实也确实如此。与重要的人交谈的方式就是要认识到你与他们是平等的。

· 开会时感到无聊的人 ·

在你组织的会议中，如果有人发言，请认真地听他们讲话。认真听不仅能向每一位与会人员表明他们的意见博得了关注，也能证明他们是负有责任的。如果他们所说的要旨没能让每个人都进行反思，至少让你认真地思考了。认真听人讲话还意味着对方所讲的事情很紧要，很紧迫，能够引起人们的注意。

· 聚会上的一般名人 ·

我是真没办法了。我试过，但我不知道该怎么做，闲聊似乎不起作用，“适度交流”也没奏效。知名度一般的人很难应对。像这样不太知名的名人，很难做到自信，而且他们缺乏安全感，也不会表现出谦卑或是对你感兴趣。

· 大公司的高管 ·

听他们说就是了。他们个性强势，真正想要的是让你服从他们。他们不会听你的，所以你不妨听听他们说什么。

· 著名流行歌手 ·

在采访蕾哈娜之前，我读了一本关于巴巴多斯历史的书，巴巴多斯是蕾哈娜16岁首次来到美国之前居住的国家（书中提道：“甘蔗工业是犹太难民开创的。”谁知道呢？）；连续三周，我只听她的歌（她首张专辑里的《舞翻天》是被人们低估的“单曲”）；我听了她谈到的所有影响了她的唱片（布朗迪《春色无边》专辑中的主打歌是一个亮点）。在这次采访中，我的角色好像就是被她授权负责撰写她个人传记的作者。

当我对新任务极度兴奋时，我便希望有所颠覆，所以我会全力以赴。

但通常我会对这类事情有一些预期。当我觉得处理不好眼前的事情时，我会“锁定”它，去做更多的研究、更多的思考，而不是轻易下定论。即使最终证明我仍无能为力，至少在失败前我曾经努力过。我在航空杂志工作时就是这样做的，在《时尚先生》杂志的采访中也是这样做的，采访蕾哈娜还是这样做的。

我这次的任务是为杂志的“性感尤物”年度专题写人物传略，但对我来说，这是第一个曾获诺贝尔奖项的名人传略（更不用说还是我的第一个杂志故事）。

通常，为写一篇这样的文章做采访，要提前与采访对象约好，比如星期三上午 11 点在某个咖啡馆，时间大概 90 分钟，然后写一篇人物简介，向读者简述午饭如何进行（她随意地点了个羊角面包），简单讲一下她的生活（这一切都始于博伊西）。

这次采访是在洛杉矶的一家餐馆，只有 90 分钟的采访时间，所以我决定“做她的影子”。“做影子”听起来很有趣，但其实不然。你只是跟着采访对象闲逛，基本上算是游荡。为了尾随蕾哈娜，我去了她在纽约地区演出的两个体育馆。一个在长岛，一个在新泽西州。在体育馆的后台，我与她的经纪人、音乐制作人（蕾哈娜 15 岁时，该制作人发现了她）、她的经理坎耶 · 维斯特以及服装师进行了交流。她的伴舞则一直处于极度兴奋状态，备用舞者像松鼠一样活跃，根本没法与他们进行交谈。我只好飞到洛杉矶做了一个简短的采访，并请求老板准许我在采访的一个星期之后去巴巴多斯，观看她在自己祖国的首秀演唱会。

这稍有些过分，可是我不是想借此机会让采访的内容更加充实吗？！

正式采访是蕾哈娜在长岛演出的一个星期后，地点在洛杉矶，在她最喜欢的意式餐馆，当时窗外灌木丛生。为迎合明星身份的需要，她每周要在那里就餐三四次。我到的时候，她正和另外 5 个女伴在一起。我走近餐桌，问蕾哈娜是否方便。

她说，“当然”。

其他 5 人随即移到了另一张桌子旁，这令我印象很深。

寒暄后，我向她解释我不会按常规的名人传略形式来写，当然更不会写惯常的性感女性的人物传略！“不，我要写的这个名人传略更会偏向于一个新闻报道，巴巴多斯布里奇顿的蕾哈娜 · 芬缇小姐。对，新闻报道！那么，如果你准备好的话，我想问你几个问题。”

（当时的我有点儿像是30多年前初出茅庐的记者，你懂的。）

大大出乎我的预料，她并没有什么反应，只是看着我，问道：“来点儿莫斯卡托（moscato）吗？”

刚开始，我试图让谈话变得有趣些，聊了一些关于巴巴多斯的事，但她好像对这些事印象并不深刻。我问她有关音乐的事，可她似乎觉得很无聊。好像我的问题都没有问到点子上，这不是一次好的采访。于是我问到了她住所的变迁。

我们没有谈“巴巴多斯”，而是谈论了她小时候住过的房子，就在几个星期后她要演出的板球体育场附近。

唯一令她感兴趣的是细节，让我感兴趣的也是细节。生活中的细节，她一天中都做了什么事。

这很令人愉快。

谈到这个，她的面部表情都变了，说话时还伴随着肢体语言，“另一个采访者也问过同样的问题”“这次我要说点儿新鲜的”。

我问她是否是由母亲带大；问她15岁时在两位美国音乐制作人面前试唱的经历；还有她在康涅狄格州与制片人家人住在一起的经历，当时她为了获得合约，还参加了在纽约举行的各种聚会；还问到她身穿白色套装，坐在会议室桌子前与“街头教父”唱片公司签订第一份合同时的情境。谈到这些，她很释然，笑得越来越开心。

记住：每个重要的人都有过去，过去的他们也很普通。

· 第一天工作的人 ·

“欢迎欢迎，祝贺你，我们很高兴你能来。”祝贺程序是很重要的，因为那是对他们所取得的成绩以及所拥有能力的认可。

· 政治家 ·

在一次美国市长云集（基本算是市长云集）的年会上，为了尽可能采访到更多的市长，我把摄制组的全体工作人员带到洛杉矶的凯悦世纪广场酒店进行拍照和采访，这是我为了编写故事想出的最不可思议的主意之一。这里有小镇镇长、大城市市长、男人、女人、谦卑的公务员和狂热分子。

我希望能通过拍摄这些男男女女的照片及对他们的采访，呈现出美国的概况。

整件事让我很紧张，我要同时权衡各方权势，他们都是大人物和老板。

当市长们依次步入我们布置的大会议室后，我很快便学会了如何与市长们交谈。你可以就他们的城镇、道路、学校进行提问，也可问及他们各自肩负的责任。

一些市长已经是美国国会议员，或是身负重任的州长，有的甚至是未来的总统候选人。在电视上看到他们时，我在想：“嘿，拍照的时候你就像聚光灯前的小鹿。”或者：“嘿，走出衣帽间之前，你忘记把裤子的拉链拉好了。”或者：“嘿，你出汗了，跟疯子似的。”

如果你观察“重要”的人物，你会发现他们与你没什么不同。你会看到他们说话结巴，打起喷嚏怪怪的，牙上也会粘着菜叶。偶尔你也会觉得他们说的话很无聊，会看见他们把食物掉到膝盖上。听他们讲话，会发现他们说着说着也会跑题。**与“重要”的人或其他任何人交谈都是在与人谈话，无须考虑他的地位。**

· 实习生 ·

向他们问好，对他们微笑，问他们在做什么，告诉实习生他们有多重要。他们确实重要，因为他们不会总是实习生，他们是未来重要的人，他们已经很重要了，对实习生要友好。

·35·
如何看待着装

我不是一个很会打扮的人。尽管我在一家引领男士潮流的权威杂志社工作，但我永远不会变得“时尚”。想要变得时尚需要做大量的工作，而我是一个很矛盾的人，做不到这一点。我想看上去“不错”，也不在乎看起来“很棒”。在接下来的几章里，我会假设你和我一样同属这类人。

如果你认为你不关心时尚，这没问题。但是着装很重要，它们能够改变你的外貌。人靠衣装，忽略这一明显的事实就是拒绝使用一个真正强有力的工具。（许多声称不在乎着装的人却花费很多时间精心塑造形象，也印证了这一观点。塑造形象包括买衣服和穿衣服。）

在《时尚先生》杂志社工作大概一年后，我的老板对我说：“我想让你与尼克一起工作。”他想让我去时尚部门做编辑联络员，时尚部门由尼克·沙利文主管，他是杂志的时尚总监，出生于英国。虽然尼克·沙利文和他的员工都擅长写作，但他们主要负责为《时尚先生》杂志定制封面，而不是处理及传送副本，我负责的就是这一部分，所以这个职位很重要。我是否具有时尚感并不要紧，但我的工作却对他们很有帮助。将杂志社里最不会穿衣打扮的人与最会着装的人组合在一起，这显然不是个好主意，但我却没有理由反对。因此我低头看着方头鞋说道："嗯，好吧。"

做时尚编辑联络员以后的前几个星期里，我努力学习各种技术性问题。

- 夹克衫的袖口应该露出多少（四分之一英寸①）……
- 西装的身形看起来应该怎么样（修身，合适）……
- 为何你不能扣上三排扣西装最上排的扣子（那使你看起来像个司机）……
- 如果一件运动外套或西服上衣在饱餐后令你感觉紧得不舒服的话，它就不合身，它应该……
- "长裤？"可以。"短裤？"很好。"休闲裤？"不要……
- 最重要的一条时装规则是：要剪断线丝，不要扯拽。

① 1英寸约合2.54厘米。——编者注

我以为我只是学习着装。其实不然，我是在学习风格，风格更加有趣。因为风格更关乎理念，而非衣服。

其最大的理念当然是：信心。

信心很难驾驭。有些人的信心似乎与生俱来。但研究表明，人们可以通过思维方式、行走方式以及着装方式来塑造信心。

当然，最后一种类型的信心是与一些具体的、身体的、可购买的以及可穿戴的东西相关，是完全可以获得的，也是工作中非常有效的工具。

最近，哥伦比亚大学的研究人员风趣地提出一种“着装认知”现象，即服装对人心理过程的影响。其中，哥伦比亚的研究人员发现，在工作中穿医务服的人比着便装的人更注重细节。其结论是：事实上着装可以使你处于不同的心理状态。想想你最喜欢的衬衫或连衣裙。它的力量不在于它看起来如何，而是它使你感觉如何，以及它如何使你倍感自信。在与时装部门第一次开会之后，我的着装遭到大家无情的抨击，有一个时尚编辑走过来问我：“你希望我帮你买几双鞋吗？”我十分感激地说：“谢谢你。”购物不是我的所爱，我觉得我需要一个向导，就如同我在沿河漂流时需要向导一样。因此那天晚上，我们逛了第五大道的几家商店，买了一双漂亮的鞋子。虽然比我以往买的鞋贵很多，但穿上它们让我立即感到更自信，更有能力，也更舒服。这是一双尖头牛皮鞋。我不知道自己为什么喜欢它们，但我知道当我穿上它们时，我感觉自己更有能力。

现在我仍然穿着这双鞋。我已经换了几次鞋底，每隔几个星期就擦一次鞋油，但我仍然穿着它们，而且花在买鞋上的钱已经物有所值了，这双鞋就像前面研究人员在研究中提到的医务服。升职使我自信，同事的赞美同样提升我的自信心。但关注着装是为了自己，得体的着装使你感觉良好、有能力并自信，就像自己得到了一次晋升。你应该每天都如此，这种专业良机不可浪费。

·36·

耳熟能详的工作风格及闻所未闻的规则

职场“着装”常规如下：

- 男士着灰色和深蓝色西装。
- 女士着灰色、深蓝色和黑色西装。
- 勿使用古龙或其他香水。
- 衣服无褶皱。
- 过分打扮好于朴素。
- 要穿带有立体感的、有不夸张条纹或小图案的衣服。

这些都是可以接受的规则，但过于规范（且有点过时）。

问题是：我不知道你们行业的时尚习惯。如果你不穿运动外套，可能会看起来不合时宜；如果你不穿连帽衫，可能会看起来格格不入；如果你不穿大型海狸套装，可能会看起来与周边环境不协调，因为你的工作是把运动队乔装成人物化的动物群。

我不知道你是不是应该穿某件衣服去面试。但我知道，假如当你穿上那件衣服，感觉比起你需要他们，他们更需要你时，你就穿对衣服了。

我最终学会了如何使用规则去找到可以令你看起来赏心悦目的衣服。不过使你有信心只是这个过程的第一步，下一步是采用一个颠覆了我认知的概念，并且这个概念永远改变了我看待风格的方式（以及改变了我看待生活中许多其他事物的方式）。

·37·
潇洒不羁风格

“潇洒不羁风格”（sprezzatura）这一概念是由16世纪意大利宫廷大臣巴尔达萨雷·卡斯蒂利奥内在《廷臣论》中首次提出的，《廷臣论》是文艺复兴时期指导女士宫廷礼节的书籍。文中讲道：“尽可能地避免矫揉造作……为了隐藏所有的人为造作，一切践行潇洒不羁原则，所有的言行都要显得信手拈来，随意而发。”

我第一次邂逅这个概念，是在为《黑皮书》的一个时尚故事写稿件，《黑皮书》是《时尚先生》杂志的半年刊风格指南。当我审查照片时，注意到沙利文做杂志有他自己的目标人群。正如杂志的风格一样，他的目标人群是一些现实生活中的人，而不是模特。照片里的他们穿着精心设计的套装，但每张照片都有些“瑕疵”。在这张照片中，人物的衣领有点歪；在那张照片中，里面的人物没系腰带；在另一张照片中，人物戴的领带又“太短”；还有一张照片中，人物的衬衫和领带看起来“十分不搭”。衣服虽然不完美，看上去有些凌乱，但这些人看起来很棒。

这是一种心灵启示。我看着这些照片，感觉就如同多年前我参观沃思堡的现代艺术博物馆时，看到罗伯特·劳森伯格在20世纪90年代初塑造的作品一样。虽然他的作品是由旧自行车轮、生锈的工具箱以及丢弃的纸板组成的，但将它们精美地摆放在一起，对我来说就像是莫奈所画的莲花池一般完美。劳森伯格展览使我第一次理解了艺术的力量，而《黑皮书》中“潇洒不羁”的故事使我第一次理解了风格的魅力。

“潇洒不羁风格”允许，甚至提倡奇思妙想、凌乱和缺陷。

如果有人问：“你的领带歪了。”

你可以用英文回答：“Sprezzatura.”

问：“你的衬衫没有掖好？”

答：“Sprezzatura.”

问：“那些图片不放在一起吗？”

答：“Sprezzatura.”

问：“你是不小心把衬衫外穿出来的吗？”

答：“就称其为Sprezzatura，过好你的一天吧。”

“潇洒不羁风格”崇尚舒适、个性、矛盾和褶皱。

意大利人把它解释为：“不太在乎，无所谓了。”“潇洒不羁风格”使你看起来既正式又休闲。

这不只是一种思维方式，还是一种思考工作的方式。你的工作和与之相伴的社交互动不应该是完美的。我的意思是它们不可能是完美的，而且它们不应该是完美的。你的工作应该是皱巴巴的。它既应该显露出岁月磨损的痕迹，也应该显现出你正在尝试的新事物和正在抓住的机会。它应该是有点凌乱的。

我在与时装部门合作的两年中学到的是：**风格要遵循规则，但不为规则所束缚。**然而如果没有自信，你的风格就不完整。自信会让你的全部风格都展现出来。它们的关系是相辅相成的：衣服会使你自信，你的自信也给你的衣服增色添彩，使它们更加绚丽。随着时间的推移，大概需要几个月时间，经过逐渐积累，直到人们认为你是一个对自己着装有定位的人时，你就建立起了自信与衣服和工作的共生关系。“潇洒不羁风格”认为无论衣服还是其他任何事物都不可能是完美的，追求完美是愚蠢的。“潇洒不羁风格”是信心的标志，是一种指导思想，而且简直就是一个灵验的咒语。

·38·
骗子的曼陀罗园

我把“潇洒不羁风格”当作咒语用。事实上，我是大声说出这个咒语的。

如有人说：“你编辑的这个故事结局有点突然，你不觉得吗？”

我用英语回答：“Sprezzatura.”

你说对了。这既是轻蔑的回答，也是在提出哲理。

我这里还有一些其他的咒语，可以帮助你弥补你的才能和自信之间的缺漏，选一些你喜欢的用吧。

- 谁是天才？（对着镜子说）那个家伙。
- 如果不是因为我参与，这将会变得更加愚蠢。
- 我是相当有才的。
- 我比“相当有才”更有才。

- 我才华出众。
- 我向我的自信鞠躬（原始的咒语里包括很多“鞠躬”）。
- 我向我的才华鞠躬。
- 我向我的尊严鞠躬。
- 你知道吗，我就是要鞠躬。
- 嘿，你看。
- 我最喜欢的鞋子。
- 我喜欢我的鞋子。
- 他们使我信心倍增。
- 我向我的鞋子鞠躬。
- 我对我的鞋子说：“谢谢。”
- 我的鞋子需要擦亮了。

像“潇洒不羁风格”这样的咒语会像拐杖一样不可或缺吗？当然。它允许你忽略你不想修正的问题吗？是的。在这种情况下，它就像“事实真相”一样平淡无奇吗？的确。更重要的是，当你对某个问题感到不确定时，对自己说这句话很有用。它可以将你从追求完美的枷锁中解放出来。而且向任何人说“潇洒不羁风格”都很有趣。

·39·

关于合作

在我职业生涯中，大部分好的想法都是合作的结晶，结果证明最富有成果的合作正是那些不拘泥于细节的合作。

每次合作都始于直接或间接地承认自己的不足，承认你与合作方需要彼此，承认你们在一起比分开更好，承认失败是合作之母。

如果你能选择你的同伴，去寻找能与你互补的人吧。就如同乔布斯和他的沃兹尼亚克，“主导者”与他的“尽责者”，犀牛与它的食虱鸟。你需要一个和你有一样阅历的人，只是阅历的内容要有所不同。

如果你的合作者与你总是处于吵架的边缘，这是很有帮助的，紧张的关系可以催生奇妙的东西。必须这样，否则你会在一个无端惹你生气的人身上浪费时间，工作也做不好。为什么不尝试做一件这样的事呢？困苦必须由伟大来救赎。我的一些最重要的工作，就是和一些这样的人一起完成的，没错，他们有一点古怪。其中有些高效的工作也是与他们合作完成的：我发现当你与一个会踩你脚趾或伤害你感情的人一起工作时，你们的沟通效率会更高，而且能更快、更出色地完成工作。

所以找一个这样的怪人，一起做些伟大的事吧。

·40·
关于赞誉

早期，我犯过一个错误，我到以前的一个老板面前讲述我每天都做了什么，并将其当作要求加薪的序曲。他看着我说，“我知道你做了什么”。他的话及面部表情向我表达了他的观点：“而且你比这做得还好。”

事实的确如此。

我在一家杂志社工作。杂志社经常会有各种资历编辑的评定事宜。如果你想在工作中做到万事均受到赞誉，那么新闻工作不适合你。实际上，任何办公室里的工作都不可能做到这样完美。

不只是你刚开始工作时这样，在某种程度上，这种情况存在于你的整个职业生涯中。你支持别人，支持团队工作，支持团队的理念和任务。即便如此，你也不会因此被大加赞赏。

如果你不是想费尽心机地赢得赞誉,最好让赞誉不请自来。即使你没有得到应有的赞誉，你也不要太在乎。

（如果你担心在合作结束后，自己的某个好想法得不到特别称赞，那你也应该意识到你不会因为你的某个不切实际的想法而受到惩罚。）

·41·
如何写电子邮件

职场交流应该是既礼貌又坦率的。**对善良和体贴的人而言，表达善意和关心很重要，但不包括发电子邮件。**

通过电子邮件来表达礼仪的问题在于既需要花费很长时间写，又需要花很长时间读。而在电子邮件或杂志故事的写作中，直截了当和清楚明白要高于其他写作要求。

因此，为了提高效率，应避免出现无效率的写作类型。比如写太多的感叹号，强制性地写“你好吗”，随意的电子邮件签名，像“万事如意”等。下面我用提问题的方式来建议大家如何写电子邮件：“罗伯特·德尼罗[①]会写什么呢？”你收到一封电子邮件，读完后，你如何回复呢？假设你是罗伯特·德尼罗，

① 罗伯特·德尼罗，美国著名演员，曾参演《教父 2》等影片。——编者注

你会发现你回复的电子邮件会包含以下信息："当然"，"好极了"，"是的"，"不"，"完美"以及"对不起"。提示：不要混淆他本人和其饰演的角色，否则，你会敲出这样的字，如"坐在那儿，不许动，任血流淌"。

你也会发现，如果回复需要打太多字，实际上你可能会打电话联络。罗伯特·德尼罗不会坐在那里，写一封很长的电子邮件，他会拿起电话解决一切。如果电子邮件的收件人就在办公室里，事实上，你可能会直接离开你的办公桌去找那个人，面对面地与他交谈，这是最好的沟通方式。

下面是最重要的部分：人们可能开始给你发电子邮件，犹如你是美国的偶像派演员。这意味着你不必忍受一些毫无意义的寒暄语，例如："祝你周末愉快！"你可能无须面对如此多句尾的感叹号。也不会收到一封500字的电子邮件，读完后却不知所云，疑惑："这到底是什么意思？"因为你是罗伯特·德尼罗，所以人们会带着一种效率和目的感学习如何给你写电子邮件（可能也会带着恐惧感，但主要是效率和目的感）。

·42·
写电子邮件的其他规则

问问自己你是否要亲自转发电子邮件，转发邮件很容易。

在你发电子邮件时，不仅要想到你发送的每封电子邮件都可能会被转发给其他人，而且还应该知道你发送的每封电子邮件有一天可能会在法庭上公布于众，所以要谨慎行之。

如果你的邮件不足 7 个字，可以放在主题行。

电子邮件的签名不应该用名言警句。亚里士多德的不行，甘地的也不行，即便是专辑销量高居榜首的帕拉摩尔摇滚乐队的海莉·威廉斯的至理名言也不可以。

所有字母都大写，不行。

用小型大写字母，也不行。

一个词里既有大写又有小写，更不行。

当你需要一种既权威又不失严谨的字体时：请使用

Helvetica（黑体）字体。

Cambria 字体呢？也可以。

关于说“谢谢”。电子邮件中有很多道谢的表达法。你可以说“Thanks(谢谢)”，或“TY〔thank you（多谢）首字母缩写〕”，如果必要时可以用“Thx（thanks 口语化表达）”。当然还有：“Thank you(谢谢你)。”几乎在其他任何语境下，“谢谢”并不会引起注意，但是在电子邮件中，你不会经常看到这种表达，这反而使它成为一个有力的信息。它简单、直接、有意义，而且有礼貌。它甚至看起来很奢侈，但却令人记忆深刻，也不可能让别人产生误解。

·43·
在社交媒体上立场鲜明未必是件好事
——尤其是在你找工作期间

我发微博，但不经常发。我天生言行谨慎，所以不太擅长发微博。平心而论，为了不让别人感觉不快，我不会直言相告，表明立场。

不过这没什么用，比如说，在推特上。推特奖赏那些给人们带来娱乐和简便的人，但是“娱乐和简便”为“嘲笑和轻言”留有空间，而这似乎在社交媒体上很奏效。但是“嘲笑和轻言”在现实生活中可不怎么受欢迎，它在工作场所真的不起什么作用。

当你的一个潜在的未来雇主正在查看你的推特简讯时，它真的对你没有影响吗？会发生什么呢？

2014 年“凯业必达”网调查发现，在社交媒体上调查求职者的雇主中有 51% 的人表示，他们已经在网上找到了让他们拒绝雇用这些候选人的东西。2013 年这个数字是 43%，2012 年是 34%。社交媒体拒绝候选人的前五大原因是：（网上记录显示出）他们有争议的或不雅的照片或信息；关于他们酗酒或吸毒的信息；候选人曾在网络上恶意攻击他们以前的公司或同事；沟通能力差；发表与种族、性别、宗教等有关的歧视性言论等。

另一种说法是，那些候选人被拒绝仅仅是因为他们表明身份，因为他们坦率、诚实、开朗。因为你仅仅在你的推特上说过这些话：今天早上何时醒来，支持了什么球队，现在可以享受足部按摩了，以及说过药店里你身后那位女士身材就像糖果玉米，笑死我了等信息。

这些信息很有价值，因为其中含有一些线索，能让读者了解到你实际上是怎样的人。**但雇主不想知道你到底是怎样的人，他们只希望你成为他们想要的那个人，他们希望你能成为他们头脑中幻想的样子。**但他们不是想要你这个人，从来都不是。

然而你就在那里，在推特上，或者至少是某个版本的你在那里。

瞧，我知道我们都应该做自己。我在这本书中前面的章节已经讨论过了。但即使你认为仅仅是在推特上展示自己，你也不应该这么做。当你正在就不同议题推文展示自己时，你却不知道此时谁在浏览你的网页，尤其是当浏览网页的人是你潜在的未来雇主的时候。

寻找新员工必然是一个充满希望的过程。雇主希望你会是“那个对的人”。当简历上提供了模糊的信息时，潜在的未来雇主往往会填补积极的信息，这些信息来源于他们对你的幻想。你的公共社交媒体账户给他们提供太多的信息，可能会使他们无法拼凑出你就是那个他们心目中理想化的人。当然，可以说这主要是因为雇主的轻率，而不是你的错。但问题是：在社交媒体里存在的你也不是真正的你，而是一个幻想。雇主无法拼凑出他们理想中想要雇用的人，这可能是另一个幻想。

恕我直言：如果你的推特账户、你的脸书（Facebook）、你的微博客（Tumblr），或你的博客网站（whatever.blogspot.com）成为别人厌恶你的原因，事情会变得很糟糕。[①] 但最终这也许会是一件好事，因为你可能不想为那些潜伏在社交媒体上寻找原因讨厌他人的雇主工作。关键是你应该知道这一切和你有什么利害关系。

---

① 推特、脸书、微博客，以及此处提到的博客网站是使用英语交流的国家主流的社交媒体平台。——编者注

·44·

如何威慑人

我的前助理曾告诉我，我的形象“令人生畏”。这可能是因为我平时不苟言笑，面对危机也能泰然处之，才被误读为“扑克脸”。我没有完全明白其含义，只是被告知我的形象是令人生畏的。

我并不介意听到这个。

而且我认为令人生畏并不是一件坏事。在你本就尊重的老板或同事面前感到些许紧张并不是什么缺点，这只能说明你很重视你们的关系。只要那个令人生畏的人并不是故意恐吓，那么你会生畏似乎是一件很自然的事，这种感觉甚至是有益的重要商业关系的副产品，而且可能会因此成就伟大。

然而是什么令人生畏呢？是什么让实习生紧张不安呢？又是什么让你在你的老板面前结结巴巴呢？

可能是因为你在做袭扰别人的事，这是一种令人生畏的方式。你可能恶意地使下级或同辈（甚至上司）因为你或明或暗的威胁而感到害怕，但这不是我们这里所要讨论的。（如果你的行为情有可原，那么你要立即停止，并弄清楚其中缘由。）

你可能表现得过于自信，过度自信的人通常被认为具有较高的社会地位。

你可能行事粗鲁，粗鲁的人被认为更强壮。

你可能很高，高个子被认为是更聪明、更强势和更健康的标志。

你可能很有魅力，有魅力的人被认为更聪明。

你可能是一个光头，剃光头的男性被认为更具有统治地位。

你可能留胡子，留胡子的人被视为具有更高的社会地位，更积极。

你的声音可能低沉，声音低沉的人被认为更强壮、更能干。

你可能是一个英俊潇洒、过度自信、粗鲁、高大、留胡子、剃光头而且声音低沉的家伙。

如果是这样，你要么是传奇的苏格兰演员肖恩·康纳利，要么是生于芝加哥的说唱歌手康芒。恭喜你，你真的令人生畏！

但是为了避免流于形式，威慑方式要与工作质量和举止风度相关，你必须具备下面几点：

1. 通常是独立强人。

2. 自信满满。

3. 无论男女，要有胆量。

胆量不能太小，至少要有葡萄柚那么大。但也不能过大，比如说大过俄亥俄州。（如果胆量像木星或其他星球那么大，虽令人印象深刻，但的确很浪费。）无论如何，要有足够的胆量。你的胆量必须足够大，能让你抓住机会。而且如果你的胆量适度，你就不会犯错。如果你是令人生畏的人，但你没有胆量，那么你就是个浑蛋。

4. 最后：要有共鸣感。

你也许可以令别人生畏，但你必须知道自己在做什么，而且要确定你所做的事情是严肃的。研究表明一种自我感觉较差的社交威胁，可以激发人们做出“战斗或逃跑”的应激反应，这种反应与受到人身威胁时所产生的反应一样。大量的激素，如肾上腺素和皮质醇会使我们紧张不安，妨碍我们的逻辑思维和反思的能力。因此让他们心生畏惧的同时，你也吓坏了他们。你要清楚这一点，要感同身受。你完全可以做一些让别人安心的事情，即便只是说一声：“你做得很好！”这也会降低他们的肾上腺素水平，对害怕你的人将是一个很大的宽慰。威慑需要你熬心费力，消除它的影响也一样。如果你顾此失彼，则行不通。

但是如果你能够采取正确的方式，即对照上述 4 点要求，那么威慑可以成为一件非常有用的事情。它可以建立秩序（就像回到初中时代重建秩序一样有效）；可以树立威信，即使你不希望威慑别人是你工作的重要组成部分；它还可以为决策指明道路。这正是职场中人人都想要的。

·45·
论浑蛋

我经常被误认为是个浑蛋。

但我不是一个浑蛋。

我是个笨蛋。不是所有时间都笨，只是偶尔会犯蠢。我并不是为此而骄傲，我也想少做蠢事，但是这就是我工作中时而会有的表现：一个笨蛋。

笨蛋是有细微差别的。笨通常是神经和压力造成的结果，其强烈程度视具体情况而定，它通常是荒唐的、滑稽可笑的。

浑蛋是没有细微差别的，他们彻头彻尾都是浑蛋。有压力时他们是浑蛋；压力解除时，他们也是浑蛋。正是因为缺少这种细微差别，浑蛋更容易识别。

这是我编撰的一个浑蛋特点清单，是我多年与浑蛋共事并花时间阅读新兴浑蛋文学后总结出来的：

自恋。

我是你们当中最特别的。

过度自信。

我能做任何事。

没有耐心。

如果我想要它，我现在就要。

攻击性。

不要挡着我的路。

鲁莽。

全速前进。

权利。

那是我的，因为它就是我的。

妄想。

你叫谁浑蛋呢？

健忘。

你是哭了吗？

还有，

可预测性。

这就是为什么你应该避开这些浑蛋。如果你觉得你未来的老板是一个浑蛋，那就应该想想你是否愿意让一个自恋妄想的攻击者做你的上司。如果你的同事是一个浑蛋，那你要知道他永远不会改变。

而且我们有时无法回避他们。浑蛋经常把自己伪装成笨蛋，甚至更狡猾地伪装成正人君子和乞怜者，然后对毫无防备的同事实施浑蛋行为。

因此，首先，他们必须被接受。

你不得不做的就是接受浑蛋行为。只有这样你才能与他们一起共事。尽管他们不会改变，你也必须要与他们一起工作。

他们败坏的道德限制了你们合作的成果。但在商业中，我们想要的就是限制。谈项目时，我们怎能不问最后的期限？预算是多少？多少人会参与其中？我们应该还想知道将会有多少浑蛋，接受他们。

第二，他们必须被接纳。

我发现浑蛋是平庸的，且近于奇特。虽然令人讨厌，但也很单纯。正是因为浑蛋很难驾驭，所以我喜欢他们围绕在我身边。

下面列举的是为什么浑蛋是有用的：

1. 他们让我们感觉有道德上的优越感。

2. 他们是聚焦点和助推器。

3. 他们有助于提高办公室的整体效率。因为他们是可预测的，所以我们可以提前解读他们的行为。你总能知道如何和浑蛋相处，虽然你职位较低，却可以与他们相安无事。

但只有当你能够控制你的愤怒，明白你要为你的行为负责时，这才有用。

第三，他们必须被聘用。

你必须要勇敢地面对他们，没有人比浑蛋对冲突更容易感到惊讶。

当然，这虽是一个道德问题，但我向你保证，它有实际意义，这些意义对你只有好处。

事情不会变得更糟。浑蛋会搞砸一切，这就是他们之所以是浑蛋的原因。他们颠覆了每一个与他们打交道的人对这个社会的认知，他们一直都是 100% 的可恶。

所以你没有什么可失去的。让他们参与进来，但不要勉强，浑蛋通常善于提出要求。

这是我用过的效果显著的提问：

“你为什么要这么做？”

这迫使浑蛋解释他们的浑蛋行为。因为浑蛋无法解释，所以这个问题没有答案。不过这会使浑蛋十分惶恐狼狈，一个狼狈的浑蛋是一道令人愉悦的风景。

“为什么要这么做？”然后他们结结巴巴地解释，接着你又说："好吧。但你为什么要这么做？"他们看着你，就像你要求他们解出一个定理。接着你又问："换句话说，为什么你会那样做呢？"

你强迫他们回答一个他们从来不会问自己的问题。

你不是在教育他们，那不是重点。重点是告诉他们：你看到他们在干什么了，你让他们有些自知之明。自我意识对浑蛋来说就像水之于邪恶又怕水的女巫，像投射在死星热排气口的质子鱼雷，像吹过唐纳德·特朗普头发的那阵风一样威力无穷。

人们常认为浑蛋强大并具有破坏性。虽然他们具有破坏性，但是他们不强大。浑蛋的健忘很可恶，但正是这种健忘使他们如此脆弱，容易慌乱。

不，浑蛋很容易被搞定。而笨蛋才是你需要小心的。

·46·
你是个浑蛋吗?

选择适合你的答案，并将分数相加，来确定你是否是个浑蛋。

1. 当别人对你说:“嗨,你好!”时，你的回答:

A. 嗨！（-5 分）

B. 嗨。（0 分）

C. 哦？（5 分）

2. 社交规则由谁来制定?

A. 我。（10 分）

B.公民社区。（-5 分）

3. 在刚刚过去的一个小时里你展现了多少特质，选出所有适用项。

A. 自恋。（2 分）

B. 不耐烦。（2 分）

C. 攻击行为。（2 分）

D. 权利。（2 分）

E. 妄想。（2 分）

F. 健忘。（2 分）

G. 可预测性。（2 分）

4. 在你的人生旅途中你都做过什么?

A. 想方设法达到巅峰。（1 分）

B. 除掉敌人。（3 分）

C. 对假想敌大发脾气。（5 分）

D. 最后，达到顶峰！（7 分）

E. 出轨。（9 分）

F. 重重摔落。（15 分）

G. 一直努力到现在！你的旅程怎么样，朋友？（-20 分）

5. 通常你不会说：

A. 狗屎。（1 分）

B. 该死的。（3 分）

C. 他妈的。（5 分）

D. 狗屁。（7 分）

E. 讨厌。（-3 分）

6. 填空："我比你______。"

A. 好（4 分）

B. 好得多（6 分）

C. 显然更好（8 分）

D. 也许高一点？很难说（-4 分）

7. 你的老板拒绝为你加薪，你会：

A. 认为是因为自己工作做得不够好。（-6 分）

B. 因为被拒绝而感到吃惊。（2 分）

C. 只是盯着你老板的眼睛，因为显然这是在开玩笑。（5 分）

8. 权利一定是：

A. 争取来的。（-2 分）

B. 夺过来的。（2 分）

9. 你曾经有没有在美国著名商户点评 Yelp 网站上发过哪怕一次火爆的评论贴?

A. 有。（30 分）

B. 无。（0 分）

10. 如果生活是一支乐队，你想成为乐队的哪个成员?

A. 低音提琴手。（1 分）

B. 鼓手。（3 分）

C. 吉他手。（5 分）

D. 主唱。（10 分）

E. 主唱和偶尔兼职铃鼓手。而且你会时常这样抱怨：“喂，为什么我的更衣室里没有‘星爆’口香糖！这首歌我们要练习多少遍呢！嘿，女孩，你叫什么名字？”（20分）

11. 请问我可以借一下你的笔吗?

A. 当然。（0 分）

B. 我想可以。（2 分）

12. 选择一个史蒂夫:

A. 卡瑞尔。（-5 分）

B. 巴塞米。（0 分）

C. 乔布斯。（5 分）

13. 您曾经做过以下哪一项事情？选出所有适用项。

A. 点有橄榄味马提尼酒时，指定要优质的伏特加酒配制。（2 分）

B. 点橄榄味很浓的马提尼酒时，指定要优质的伏特加酒配制。（4 分）

C. 插队点橄榄味很浓的马提尼酒时，指定要优质的伏特加酒配制。（6 分）

14. 完成这句俗语：我们行动之前，重要的是实地考察和踢______

A. 轮胎（亲自检查）。（0 分）

B. 小狗（轻视）。（20 分）

15. 当同事告诉你他获得了个人的成功时，你会：

A. 真诚地祝贺他们。（-4 分）

B. 真诚地祝贺他们，同时也说出你自己的成就。（4 分）

C. “你在说什么？获胜？什么？嘿，你能等一会吗？是的，

有关获胜的事。听着，我想我得接一下电话，（回电话）听着，我只有 12 秒钟的通话时间。你在说什么？”（10 分）

16. 请填这个空：上升的潮水______所有的船。

A. 托起（-2 分）

B. 关我什么事？（10 分）

17. 请在机场候机口附近选择一个候机的位置，一直等到登机通知。

A. 门口候机区的座位。（-3 分）

B. 就待在登机口服务员的旁边，胳臂搭在桌子上。（9 分）

C. 哦，去登机口附近的小商店里买一包零食。（0 分）

18. 你点了鸭肉，但女服务员说他们的鸭肉卖完了。你……

A. 点了鸡肉吃。（0 分）

B. 指着那个女服务员发火，对她说，每次来这里你都点鸭肉，这次为什么会受到这样的对待。你到这里消费就是想吃这里的鸭肉，让厨师去做鸭肉，告诉他是你来了，这儿的厨师认识你，马上，快去！（8 分）

19. 你有过这种经历吗？下班后和两个助手一起喝酒，其中一个向你问了一个无意冒犯的问题，但却让你很生气，并大发雷霆，当众吵闹，就像闷在心里的压力终于得到释放一样？

A. 这真的很具体。（0 分）

B. 是的，听起来好像是你在经历的事情。（0 分）

答案

<0 分： 你感到压抑，无须克制你的情绪，有一天这些情绪会爆发。

0~9 分： 有证据表明你经历了人类的全部情感，但你替他人着想的品德使你不能成为一个浑蛋。

10~29 分： 你是个坏蛋。

30~50 分： 你是个浑蛋。

>50 分： 你是一个反社会的人。

·47·

脏话篇

我并不是在讨论我们说了多少脏话，我也没有看过有关脏话率地理分布的研究，我不在乎他们说了什么，我想说的是我们听到了多少脏话。我在许多地方待过，到处可以听到各式各样的、常见的或不常见的脏话。你在纽约市也会听到这样的脏话，从布什维克的最黑暗角落到华盛顿广场公园的长椅，再到市中心办公大楼的走廊上，脏话无处不在。在人行道上、非机动车行驶的区域，你会看到、听到在其他城市看不到和听不到的东西，例如老妇人推着装有老龄狗的婴儿车。你在纽约可以看到这一幕，推着装有老龄狗婴儿车的老妇人朝着警察大喊："他妈的，浑蛋！"相信你一定看到过，也听到过吧。

脏话是可以用来发泄厌恶情绪的奇妙礼物。脏话是有益之物，它可以表达常规语言根本无法表达的强烈语气及情感。只要不是用来发泄怒气，在职场上用它可以产生巨大的效果。因此，我特此声明如下：

脏话可以表达其他词语所不能表达的东西。

没有什么词可以比“他妈的”这句骂人话语气更强的了。

脏话是有趣的。

你可以说“把那订书器递给我”，但加点脏话会使这句话更有趣。

脏话会吸引我们的注意力。

当禁忌被打破时，我们往往感到惊讶。

我们的大脑处理脏话的方式也不同于其他话语。

大脑扫描显示处理脏话是在大脑的“较低”区域而不是在“较高”的大脑皮质区，即大脑的语言处理中心。该理论认为，大脑不是将脏话以声音单位处理，而是将他们合成一个词。这种差异可以解释为什么与所谓的中性词相比我们更容易认出和记住那些污言秽语。

脏话会对我们的身体方面造成影响。

研究人员已证明脏话有“唤醒”功能，例如它能使我们出汗。一些研究人员认为脏话甚至可能引发类似于“战斗或逃跑”的应激反应，释放缓解疼痛压力的内啡肽，这将有助于解释为什么脏话可以帮助缓解身体疼痛，也会让我们感觉更好。

脏话能为我们的演讲增加可信度。

这是乔·拜登所说的，如果一场演讲里有一个运用得当的“该死的”，那么这场演讲会更加令人难忘。

脏话是我们的基准语言，而不是昙花一现。

我们的内心是世俗化的。我们的潜意识里混杂着这些脏话，“该死的”、“放屁”、“浑蛋”、“妈的”、“滚他妈的”以及“滚他家的狗和那只贱母狗”。我们大脑的前额叶皮层存储骂人话、诅咒和脏语的声音，然后把它们封存起来，送回到它们来的地方。

光“fuck（他妈的）”这个词就有超过 250 种用法以及无穷多的变化形式。脏话是我们必不可少的语言，而且在许多方面，它都是我们最强大的语言。

在工作场所可以使用脏话，但前提如下：

1. 可用于加强语气而不是攻击别人。

用脏话攻击别人会让你成为一个危险的人，成为一个恃强凌弱者，而且你的行为会烙在在场所有人的记忆中。

2. 可优先考虑 3 级脏话。

第 1 级：滚开，放屁，真他妈可恶，浑蛋；第 2 级：哎呀，我的妈呀！贱人，鸟人，滚；第 3 级：杂种，蠢货，他娘的和该死的。这些脏话都充满乐趣，无一粗野。

3. 谨慎使用。

如果你不停地说脏话，你就像是一只不断喊叫的狼。这是燥山姆的做派，就是不停地从嘴里冒出脏话！你看上去精神错乱，蹦来蹦去，把帽子扔在地上踩。这不是夸张，只是一种比喻。当你真的想要强调你所说的内容时，你就无计可施了，你的咒骂不再有惊人的力量。但如果你想被别人听到，想要给人惊奇，或恐吓别人，或想要引起人们注意，一句简单的骂人话可以像一枚手榴弹一样有威力。

4. 你可以称所有没用的东西为“废物”。

因为这个词没有任何诽谤意思，既丰富多彩、妙趣横生，又没有杀伤力。

5. 无论出于什么目的，使用脏话是为了对事件产生促进作用，而不是破坏作用。

·48·

如何与讨厌、妒忌、不喜欢见你的人共事?

我们不讨论一般的浑蛋,我们要讨论的是一种特殊的“浑蛋”,是那些背后使坏的人,这些人是我们无法忽视的。

职场中到处都有钩心斗角和尔虞我诈,这不是问题。但当那些憎恨你的人开始在背后整你、扰乱你、搞臭你时,这就成了问题。

在我的职业生涯中就遇到过几个这样的人,他们的所作所为让人大跌眼镜。

首先你要明白的是他们不知道自己在做什么,但可以肯定的是在下意识里他们是知道的,只是他们不认为自己的行为不得体而已。2014 年哥伦比亚大学商学院所做的一项研究发现,人们不想知道同事对自己的看法。在研究中,研究者组织了几次模拟谈判,然后让参与者评价自己和对手的自信程度,56%

的人认为自己的表现不自信或者刚刚好，而他们则认为他们的对手表现得过于自信。所以我们通常不知道别人眼里的我们是什么样的。

因此，我的第一步是试图了解他们的动机。可能是他们被狗追咬时丢了钱，也可能是他们缺少父爱，又或者可能是他们内衣的填充物确实莫名其妙地无视物理学定律，卷成一团，让人感觉很不舒适。这些想法都会让你消气，让你重拾你应有的共鸣感。

一旦你了解到他们的动机，你就能克制自己不要大喊："我就知道！你这个浑蛋！"而是静静地坐回桌前，同事们也会面面相觑，心领神会。

你可以用"浑蛋基本准则"来面对他们（详见第45节）。

"我能和你谈谈吗？"

"我注意到你……"

"鉴于……我想知道你为什么会那样做，你能告诉我吗？"

但当事情发生时，对我来说最有效的办法是用一种随意而又坦诚的方式（也可以是幽默的方式）直接指出他的浑蛋行为，甚至可以在大庭广众之下这么做。

比如你可以这样说：

"你不觉得你刚刚说的话是在挤对我吗？"

“你知道你的行为有点，怎么说呢，有点粗鲁吗？”

“你用那种眼神看我……是想表现出你的无礼或暴脾气吗？”

然后你看着他们，感觉好像是你走在街上看到一只吉娃娃穿着水手套装用后腿走路一样。

你会觉得困惑，不会觉得可笑，也不会觉得生气，只是惊讶不已。你会皱着眉头想一堆问题：“这只狗到底怎么了？为什么这身打扮？是在哪里弄到一套这么小的水手服的？”

你还会犹豫，是选“大路”还是“小路”？“大路”虽然安全但是很无聊，而“小路”的路况不好，都不行。你想要的就是一条车道，景色宜人，车道两侧树木郁郁葱葱，路边铺设人行道，人们可在此散步或慢跑。没有恼人的限速带，也没有警察。你可以与另一辆车并行，摇下车窗，问他：“老兄，你在忙什么？”

不要用善良对待他们，卑鄙的人不会回应你的善意。心理学家也认为这几乎不管用。以善治恶是一种消极攻击策略，它可能暂时对你的对手有效，但最终你还是达不到目的。所以不要这样做，而是要坦率地直击他们。

最重要的是：永远不要争斗。

那样做会让你悔不当初。因为争斗就一定会有胜负，可工作不论输赢。正如《时尚先生》杂志的长期作家汤姆·朱诺德在他最具代表性的散文《争斗的哲学》（2011年）中提到的一样："只要不择手段,甚至不惜以付出自尊为代价,谁都能赢。问题是谁能不好胜,谁能抵挡住成功的诱惑。"商业上需要成功,但商务人士的成功是成为该领域的领航人,而人际关系的问题是不论输赢的,重点在于如何斡旋。

必须瓦解暗中使坏的人,搞事者会让事情变得失去控制。你的困惑和深思熟虑将重新调整事情的发展方向。那个浑蛋要么觉得很感动,要么觉得慌乱,或两者都有一点。即使你的问题没有答案,你也要说,"我盯着你呢"。这样你会得到他们的尊重。

你是个浑蛋吗?有几分吧。但谁让你的对手是个浑蛋又阴险的小人呢!而且背后整人需要大量额外的精力,你没必要消耗这些精力。

因为你有你的优势。

·49·
“两杯啤酒和一只小狗”
——测试你对某人的感觉

“两杯啤酒和一只小狗”是我研发的一种测试方法。当时我在给《时尚先生》杂志撰写文章，其主题就是关于美国人说“婊子养的”这句脏话。这个测试是为了找到你对某人的真实感受，问自己：“我会和这个人喝两杯啤酒吗？”以及“我可以让这个人在周末照顾我的小狗吗？”

有些人你给出的答案是“不会”和“不可以”，这些人你要不惜一切代价去避免接触；有些人你给出的答案是“会”和“不可以”，这些人你则要谨慎信任；有些人你给出的答案是“不会”和“可以”，这些人没有乐趣，但他们会让世界变得更好——特别是对小狗来说；有些人你给出的答案是“会”和“可以”，这些人是大好人，你的生活和工作会因为有他们而变得更加美好。把他们找出来，和他们合作，好好享受与他们合作的时光吧。

·50·
量化得分

有的人不了解量化得分，有的人正在研究得分机制，有的人根本不知道有这回事。还有的人不懂装懂，这种人是最差劲的。

重要的是你要清楚量化得分的存在。

我一直在试图算出职场中的得分：权利存在之所，人们的影响力，谁在实际掌权。开会时，计算得分也可以打发时间。有些人混日子，而我试图算出得分。

以下是典型的算分过程：

他发言的内容是否有用？……一般。

那个人的废话呢？……多。

她为什么不发言呢？……职位太低……好吧。

他又为什么不发言呢？……可能他还没搞清楚状况吧……值

得算在内。

谁是这间屋子里最有权力的人？……她。

谁自认为是这间屋子里权力最大的人？……他。

谁知道这附近有没有好的泰国餐厅？……坐在那边的那个人。

他在45分钟之内去了两次卫生间，意味着什么？……不得不去。

那是一款新发型吗？……可能是吧。

以下是我这些年研究量化得分的成果：

如果你比这间屋子里的任何人都清楚这套得分机制，那么你就是这里权力最大的人。

分数是不断变化的。

只要愿意，老板就会知道得分。

二把手通常知道得分。

量化得分你总有份。

你希望你的分数越高越好。

如果这周有同事忽然讲究穿戴了，这说明他这周就比上周更了解得分机制。

了解自己得分的最好办法就是亲自与人交谈。

关起门开会的那些人，他们能获得你得不到的那部分分数。

既不早来，也不晚走的那个和善的人似乎很悠闲，可能他刚刚又给你推荐了一本俄罗斯小说，但他是懂得分机制的。

在这里，我将首次介绍量化得分的算法：

（行为分 × 评价分 − 被量化得分者的大致薪酬折合的分数 − 废话扣除分 + 被量化得分者了解附近好的餐馆的程度所得的加分）÷ 被量化得分者的整体表现 = 被量化得分者的最终得分

·51·

如何忘记不堪回首的往事

早年我在纽约的一些经历至今仍困扰着我。

比如刚到纽约的第一晚与新同事一起吃饭时我一言不发那次，或我在酒吧对着两个助理喊叫的那次。（注意：每天上班你都不要说或做让你后悔的事，以免过后你还要给他或她发邮件缓和关系，说："我们没事了吧？"）

又如在谈话中讲的冷笑话没达到预期效果的那次。（当时感觉如果地上有个洞，我都会钻进去了。）

虽然这些经历不是灾难性的，但它们痛苦得令人难以忘怀，又不值得去找心理医生倾诉。类似的一些不好的记忆就像蚁巢一样，一旦回忆起来，就势不可挡地在我的大脑中涌现出来，满脑子都是。

当你遇到尴尬的经历时，一般会发生以下的情况：

你脑中的海马组织开始为长期储存这段经历做准备，即形成记忆，也就是决定这段经历要被归档在什么地方。编码为“内隐”的记忆（即我们下意识就能够想起的信息，比如如何系领带），这类记忆储存在一组脑结构中；而编码为“外显”的记忆（即我们有意识地回忆起的记忆），存储在另一组脑结构中。因为你的失言加重了尴尬情绪，这些记忆被编码成了外显性的情感记忆，被储存在大脑的杏仁核——一个小小的杏仁状的结构里。这里储存着大量的、强烈的记忆信息：恐惧、爱、愤怒和欲望。

尴尬记忆的情感成分使得记忆变得很“黏”，研究表明越负面的情绪越使记忆黏合。比如，研究记忆的心理学家发现，痛苦童年的记忆比快乐童年的记忆存留得更持久。这可能是由于我们会纠结于负面事件，而使得负面的记忆更牢固地存储在我们的记忆里，也有可能是进化的原因。铭记痛苦和危险更能使我们避免痛苦和危险的事情再度发生，比如你可能会记得树林里遇到熊，湍急的河流，或者对你讲的笑话无动于衷的听众。

因此人就有了畏惧的情绪。

畏惧不是主要问题，主要的问题在于畏惧是不自信的表现。而不自信就会导致各种不尽如人意的结果，比如讲话时的紧张，初次见人时的尴尬，这些都是本不应畏惧的。

这些不快的记忆虽然难以抹去，但不是不可抹去。

你可以“更换”记忆。这类似于托尼·罗宾斯所说的“神经链条纠正术”，通过回想令你不快的记忆，对其中的细节部分进行“搅乱”，最终实现抹去不良记忆的目的。具体做法是回想一段记忆，然后把它的画面想象得越来越小，直到变成小屏幕上放映的电影一样，然后试着加入不同的信息，从根本上改变这段记忆。比如，想象有个人牵着一只大腹便便的猪走过，这样你就能摆脱这些负面的记忆了。

研究者发现，受试者回忆情感记忆（不论好坏），并专注于细节时，比如房间是什么样的，天气怎么样，他们早上吃了什么等，他们的情感就不会那么强烈、生动，大脑扫描过的东西就可被确认。这些细节就可以把大脑里不好的记忆挤走。

你认为可以借酒消愁，事实并非如此。正如各种实验所示，至少喝醉酒的老鼠不能。我刚到《时尚先生》杂志的头几年，几乎每晚都去酒吧，因此我可以证明这一点。喝酒时我感觉很好，可第二天就会恢复原状。因为事实证明每次贪杯只会让我变得更糟，酒精对认知过程有副作用。

你可以从潜意识里消除你的不良记忆，但你要知道：这时你只不过是使它处在压抑状态。（这正是目前我们在讨论的事情。）

研究人员已经证明，那些极力试图阻止痛苦记忆的人更难描述那段记忆，记住的细节更少。其他研究也表明，压抑记忆甚至会有助于减弱潜意识对人们的影响。

因此，你是在与记忆做斗争。如果你感到害怕，那么你需要与令你害怕的东西战斗。你可以把它捣烂、挤出，使它失去作用；也可以改变它、压制或怒视它，直到它感到不适离开为止，但就是不能让它困扰你。

真是有太多的事情要做了。

·52·

为什么要一直做个局外人？

我永远不会很惬意地做局内人，也永远不会像伟人一样伟大。总会有比你更好的人，也总会有一个更好的自己，所做的工作永远有提升的空间，这种感觉会极为有害。但如果我们感到它的存在，了解它的力量，那么自我怀疑就会成为推动力。

初到纽约工作时，我从未想过我会成功，我认为成功不属于我。

但当我开始有一些小小的成绩时，当我开始适应我曾害怕过的人时，当我摆脱焦虑潜心工作时，我发现“准备好成功”和“没准备好成功”都是同一状态里的一部分。我们时刻准备着，却又没准备好成功的来临，因为成功是不断变化的。你所认为的成功取决于你事业所处的阶段；取决于你的得分；取决于你与那个人握手的方式；取决于你午餐吃得是否顺利；取决于你酒喝得是否畅快；取决于办公间的同事，他在大声打电话炫耀自己所取得的成就，这让你也会有（即使是片刻的）想大声打电话的冲动。你在想：“为什么我没有可大声炫耀的资本呢？”是否继续在意他人取决于你自己。你可以让它继续困扰你，也可以不受其扰。但掌控权在于你，你是这件事的主宰。即使你觉得自己无法控制自己的思想，感到自己存在不足之处对你也并非完全没有益处。

感到自己不足会让你全力以赴地去工作；会使你在研究问题时，有超越自信时的能力；会使你比其他与会人员更好地为会议做出更充分的准备；会使你努力变得更好。

我最敬佩的人是，即使成功了仍不断质疑自己能力的人。他们让人觉得成功不是命中注定的，认为事情仍会出差错。工作中我总是寻找这样的人，信任他们，支持他们想做的事。相反，表现得一切都能搞定的人没什么可以给我的，我也没什么能给他们，这种人也就不会有成长，更谈不上从工作中学到东西。

我们把自我怀疑看作是一种障碍、一种缺陷，但事实也未必如此。当你持怀疑态度时，你会得到更多。你会有问题和疑虑，会有更多的动力、更多努力工作的理由，更多要证明的东西，更多……

我在《时尚先生》杂志社工作的第一年里，一直在等待伯乐的出现。

当时我很确信我令同事失望了，我认为自己不属于这里，认为自己来这儿工作就是个错误，我一直等着有人告诉我：“你被解雇了。”

接着，他会大声对我说：“当初你为什么选择来这工作呢？！”

那时，我常常把编辑好的故事发给老板之后，就步行去中央公园。我把需要的材料附到邮件上，点击发送，然后马上起身离开办公室。我想他们无法解雇一个失踪的人吧。

于是我出去了。

去中央公园，我要向北走过两条街区，穿过公园西南角的“商人之门”，路过之前准备面试时倚靠过的墙，当时我在那里背诵过笔记。经过供游客休息的长椅，下山，来到65横街南边的一组长椅旁，这些长椅似乎无人使用。从长椅处眺望远景，就像是站在古罗马剧场中的低地上向外眺望一样，只能看到山丘的大部分侧面和一座小桥。视野不是很广阔，但绿意盎然，这是一个适合休憩的安静之所。

我坐在那里，仿佛是从飞机的舷窗望着外面广阔无垠的风景，而我就在画面的正中央。任何天气都阻挡不了我去那儿的脚步。无论是炎热的夏天，还是飘雪的冬日，对我来说天气不重要。关键不在于中央公园，而在于我能走出办公室，忘掉那些令人烦心的事。而身处纽约的中部，中央公园的中心，就意味着处在一种矛盾的状态中。这是一处由混乱嘈杂包围着的绿洲，是梦境之所。这样的躲避是矛盾的，因为你既置身于纽约之中，又远离喧嚣。

即使在当时，这种比喻对我来说也是恰如其分的。

几年来，我去长椅的次数越来越少了。当我适应了我的工作和我所在的城市，我变得自信了。当人们开始意识到自己不会被发掘出来时，就没有必要去躲避了，纽约也变得不那么异常了。中央公园不再是一个珍贵的逃避之所，它变成了第七大街尽头的一片树林；时代广场变成了一个出租车司机要避开的地方；第五大道也只是我去中央车站要穿行的一条街道，而不再是闲暇消食的地方，尤其是在节假日里；洛克菲勒中心在我眼里也不再是电影中的场景，而是我步行上班途中的一道风景线。在纽约居住和工作的时间越长，越感到纽约不再是一个气氛紧张的城市，不那么异样了，不那么影响你的精神状态，也不再像电影那样没有真实感了。

现在，当我再次步行到那些长椅旁边时，可能一年一次或两次，还能联想到我刚到纽约时的状态，这是一种蓄意的怀旧。

现在坐在那里，我意识到把自己当作一个局外人有多么重要。它使你明白行为和成功之间的联系，它迫使你去关注这些，它驱使你能更好地完成任务。现在我意识到了局外人就是那些内心丰盈、激励人心、积极向上的人，这真是一个极大的讽刺。

我终于明白了，从一开始我就属于这类人。

致谢

感谢凯西·里斯，我的姑妈，也是我的人生导师。作为一名杂志工作者，不知什么原因让她觉得我可能会对自由撰稿工作有兴趣。

感谢苏珊·希克斯和查克·汤普森。在我事业的早期，他们一直激发连我自己都不知道我有的雄心。

感谢詹姆斯·梅菲尔德，我的好朋友和前同事。他和我一样，认为某些职场习惯荒谬可笑。

感谢克里斯·菲尔波特，插图画家、动画画家、天才。即使我们很长一段时间都不在一起工作了，他也一直是我的合作伙伴。

感谢伊丽莎白·斯皮勒，北得克萨斯大学前英国文学教授。曾有一天下午，她在英语楼外拦住我，告诉我“从少女变成可怜的老妇：奥利维尔主演的《哈姆雷特》剧中的死亡”是一个滑稽的论文标题……

感谢《企业家》杂志的艾米·科斯珀、卡洛琳·霍维茨和詹娜·施努耶。他们是每个专栏作家梦寐以求的好编辑……

感谢詹·约翰逊。她为此书做了相关研究，没有她的帮助，这本书就不会像现在这么好……

感谢达顿的杰西卡·雷哈姆。她对这本书的专业编辑，以及她那无比的职业热情和冷静让我信心倍增。

感谢莱文·格林伯格·罗斯坦文学机构的丹尼尔·格林伯格先生。他回复了我这个无名作家一封解惑邮件，最终让我明白我应该写本什么类型的书。

感谢莱文·格林伯格·罗斯坦文学机构的蒂姆·沃伊齐克。对我来说，他的支持是不可或缺的，他始终陪伴我奔走于纽约，向出版商推荐我的作品。

感谢日本百乐生产商，和“纸伴侣”生产商。他们为我提供了良好的书写工具——精细 V5 型号中性笔和美华郡黑武士 2 号铅笔。

感谢早上 8 点 33 分到中央车站乘公交车的安静乘客。他们都是与这本书不可缺少的助手，尽管我从没跟他们任何人交谈过，甚至没有眼神接触。

感谢《时尚先生》杂志社的同事彼得·格里芬、海伦·鲁宾斯坦、戴维·卡尔库托、迈克尔·诺森、马克·沃伦、理查德·多蒙特、泰勒·卡博特、瑞安·安格斯坦诺、彼得·马丁、戴维·卡茨、约翰·肯尼、鲍勃·斯福勒、凯文·麦克唐奈、艾梅·巴尔托、达希尔·库鲁斯、斯塔文斯基·皮埃尔、斯科特·拉布、汤姆·杰诺德、汤姆·查瑞拉、克里斯·琼斯、约翰·H. 理查德森、迈克·塞杰、卡尔·福斯曼、史蒂芬·马奇、A. J. 雅各布斯、戴维·瓦德里希、尼克·沙利文、温德尔·布朗、米歇尔·斯蒂凡诺、杰西·基辛格、丽莎·金特曼以及安娜·皮尔。他们都是行业的先锋，我有幸从他们身上学到很多。

感谢《赫斯特》杂志的埃利奥特·卡普兰。那天他碰巧坐西南航空的飞机离开匹兹堡，他牵头的一系列事件成就了我现在所拥有的生活。

感谢我的老板戴维·格兰杰，《时尚先生》杂志的首席主编。他教导我，伟大的事情总是能变得更伟大。

感谢葆拉和豪伊·迈尔斯。他们是最棒的岳父岳母，在我创作期间，他们以无比的热情支持我、帮助我。

感谢克雷格·蒂斯利和特里·帕姆。不管是否有血缘关系，他们都是我的兄弟，从小就给我许多生活和工作方面的重要建议。

感谢我的父亲，丹·麦卡蒙。他是一个聪明风趣的人，他未出版的论文《我的哲学论》是这本书的前身。

感谢我的母亲，佩姬·阿斯顿。她是正直、谦卑、体贴和优雅的化身，她一直是并将永远是我心中的英雄。

感谢我的妻子，妮娜。她承担了这本书的编辑工作，也显示出了她这方面的才华。几个月来，每个周末她都能够让我不受干扰，专心写书。

还要感谢我的儿子西奥。每个周六和周日，他不顾“不要打扰爸爸”的命令，准时地轻轻推开我办公室的门一两次，冲我微笑。

谢谢你们。

后 记

如何写一本行为指南

有时候你必须坚信自己有天赋、有动力、聪明、有趣，并且睿智。瞧，没有人会为你坚持做某件事，不会有这样的人。对了，他们可能会支持你，他们可能会称赞你。他们可能会说："是的，我认为她不错。"但"为你坚持"？不会的，那得靠你自己。

我发现写作的最好方式是树立权威，包括写杂志简介、幽默小品、教学随笔以及你现在读的这本书。写文章要黄中通理，钉嘴铁舌。表达要明白晓畅，不要吞吞吐吐或犹豫不决。（尤其是不要犹豫不决。有点吞吐尚可，但犹豫，看在老天的分上，要坚决杜绝。）对于一个自我感觉是局外人的人来说，这是一个大胆的举动。但这是你必须做的，你要抓住机会，宣示你的权威。

对于你来说：想写的书就好比你认为的不可能得到的工作，不该得到的升职，就好比你还没准备好要负的责任，还没有资格在开会时反驳一个同事愚蠢的想法。

但你必须让自己和他人坚信你已经做好了这些准备。你必须告诉老板你想要什么，必须告诉你的同事他失去了理智，你必须敢于在一群聪明人面前承认你不知道的文化背景，你必须敢于面对一个诋毁你努力的人。

即使你紧张，你也要发表演讲。如果你想写一本书，你就一定要写。（也许你会写出完全不同的主题，但我不想让你闯入我的创作领域。）也许你会写出一部关于妈咪啦啦队的青少年小说；或是写一部纪实文学，记录你在令人愉快的、迷人的欧洲之地所发生的人文趣事，以回报那里人们对你的热情；或是写一本书名为《我的坚果去哪儿了》或《松鼠能教我们什么》这样的书。瞧，我不知道你要写什么，这是你的书。但关键是：你必须行动。你必须怀着感激之情、自知之明，并带着仅剩的一点让你保持清醒的自我怀疑，和自我感觉傻兮兮的微笑，去行动吧。

附录 1

阅读书单：非“励志”的励志书

尽管由我创作的这本你在读的书，有一定的“激励”作用，但我并没读过多少励志方面的书籍，至少我没大量地读过专门“励志”的书。然而在过去的10年里，很多赋予我灵感的书都是励志的。这样的书读起来容易理解，激励人奋进，讲述的故事对职业生涯和生活本身也有指导作用。

《白鲸》（*Moby Dick*）

赫尔曼·梅尔维尔著（Herman Melville）（1851）

主要描述如何尝试不可能的事，你可能会被里面某些极度乏味的章节打断，如：“如何当捕鲸船的船员”。

《孤胆英雄：经典的极地探险》（*Alone：The Classic Polar Adventure*）

海军上将理查德·E. 伯德（Richard E. Byrd）著（1938）

主要讲述如何召唤不为你所知的力量。

《此时此刻：鸡尾酒宣言》（*The Hour：A Cocktail Manifesto*）

伯纳德·德沃托（Bernard Devoto）著（1948）

主要讲述如何正确地享用马提尼酒。

《地狱天使：神秘恐怖的摩托车飞车党传奇》（*Hell's Angels: The Strange and Terrible Saga of the Outlaw Motorcycle Gangs*）

亨特·S. 汤普森（Hunter S. Thompson）著（1966）

主要讲述如何与讨厌你的人交谈。

《太空英雄》（*The Right Stuff*）

汤姆·沃尔夫（Tom Wolfe）著（1979）

主要讲述当你已是最好时，如何做得更好。

《寂寞之鸽》（*Lonesomc Dove*）

拉里·麦克默蒂（Larry McMurtry）著（1985）

主要讲述如何成为更好的商务旅行者。

《成功的必要条件：通往白宫之路》（*What It Takes: The Way to the White House*）

理查德·本·克拉默（Richard Ben Cramer）著（1992）

主要讲述如何竞争。

《写作这回事：创作生涯回忆录》（*On Writing: A Memoir of the Craft*）

斯蒂芬·金（Stephen King）著（2000）

主要讲述如何与人沟通。（第1步：不用副词。）

《长路》（*The Road*）

科马克·麦卡锡（Cormac McCarthy）著（2006）

主要讲述如何独自生存。

《管家婆》（*Bossypants*）

蒂娜·菲（Tina Fey）著（2011）

主要讲述如何同时做几件事。

《马克·马龙播客录》（*WTF with Marc Maron podcast*）

第558集，从54:00到119:00（2014），访谈喜剧演员珍妮·斯蕾特（Jenny Slate）。

主要讲述如何感恩。（其实这不是一本书，但有什么关系呢？它讲述了斯蕾特在拍摄《周六夜现场》节目时分享她作为一名演员所经历的艰难岁月，与我曾听过的故事一样感人，主要描述她在大舞台上感觉自己像个“局外人”的亲身经历。）

附录 2

威士忌酒名的读法

第一次与我的老板在纽约喝酒时，我点了加冰块的帝王威士忌（Dewar's）。因为我本来想点欧本威士忌（Oban），我在圣多明尼哥喝过这种酒，但我不知道它的正确发音。所以我点了帝王威士忌，并祈祷实际上“Dewar's”的发音是这样读，这真是愚蠢至极。首先，说错一种威士忌酒的名字也没什么大不了的；其次，欧本威士忌是比帝王威士忌好很多的威士忌。

我知道这是件小事：点一杯酒而已。但对我来说，不确定点什么酒让我感到焦虑。我该点什么呢？我点的酒适合这个场合喝吗？配菜点得对吗？“Bruichladdich”（布赫拉迪酒）该怎么发音呢？饮酒者为什么会对本可知道的东西感到疑惑呢？哪里有威士忌酒的正确发音指南呢？当时这些问题一个答案也没有！不过现在有了，这是我在《时尚先生》杂志社工作10年里做过的最令我骄傲的事情……好吧，我至少把它排在前10名里。

这个想法很简单：在时尚先生网站的一个短视频里，聪明有趣的苏格兰演员布莱恩·考克斯（在《谍影重重 2：至尊伯恩》,《赤焰战场》,《改编剧本》, 和被完全低估的《超级骑警》等影片中饰演过角色。）就坐在椅子上，读各种威士忌酒的名字。当然它们的发音都是很难的，因为这些词所包含的辅音比普通词里的辅音多14倍。这样制作出来的视频简单、实用，且奇特有趣。这可能是我在《时尚先生》杂志社所帮助创建的最流行的东西。与其阅读下面的列表，我更推荐你去《时尚先生》官方网站（Esquire. com）看视频。

如果你愿意，我将奉上一份看似难读的威士忌酒名发音指南。也许这对你来说没什么帮助，但它对于像我一样喝威士忌酒的新手来说用处却很大，这可不是件小事。

安努克（AnCnoc）：AH-nok

欧肯特轩（Auchentoshan）：aach-en-TOASH-un（ “ch”发音像苏格兰单词 “loch”）

巴尔维尼（The Balvenie）： Bal-VEN-ee

布鲁克莱迪克威士忌（Bruichladdich）：Brooch-LAD-ee（这里的“ch”发音也像 “loch”）

卡尔里拉（Caol Ila）：Cool-AYE-la

格兰菲迪（Glenfiddich）：Glen-fidd-ikh

吉拉（Jura）：Joo-rah

洛坎多 （Knockando）：NOK-an-doo

乐加维林（Lagavulin）：LAG-a-VOOL-in

拉弗格（Laphroaig）：la-FROIG

欧本（Oban）：O-bun

汤马丁（Tomatin）：TOH-muh-tin

托明多尔（Tomintoul）：Toh-min-TOWL

附录 3

书里没涵盖的秘诀

- 如果房间里除你之外少于 6 人，与每个人握手。如果有 6 个人或更多，与差不多 5 个人握手，对其他人点头致意。
- 看人时，要注视人的眼睛。
- 会议开始前不要发名片，因为这让你看起来像一位荷官（赌场里的发牌员）。
- 除非你是欧洲人，否则不要亲吻人的脸颊，尤其是亲吻两次。
- 不要碰拳头。
- 噢，管他呢！想碰，就去碰吧！
- 不要表现出“扬扬得意”的样子。
- 不要手舞足蹈地走进房间。
- 绝不说：“我们川工吧！”
- 当人们介绍他们自己时，重复或默记他们的名字，要尽量记住他们的名字。二三十分钟后，你能叫出他们每一个人的名字会让人有亲切感，以示你对他们的尊重，他们会因此喜欢你的。
- 密件抄送（BCC）时请更多地透露你的信息，而不是抄送对象的。

- 感叹号的新含义：

　　！：这太令人兴奋了！

　　！！：这是革命性的！

　　！！！：我真的快兴奋得晕过去了！

　　！！！！：我是认真的，我真的现在就晕了！

　　！！！！！：说正经的，我现在真的不行了，快打911（美国报警电话）！

　　！！！！！！：不，等等！感觉好些了！但说真的，这太令人兴奋了！

- 用短语“等等”或“诸如此类”结尾，会使声明的影响和重要性归零。
- 强度升级的顺序：电子邮件 < 面对面的交谈 < 手写的便条 < 熊抱。
- 不要熊抱。
- 不要眯着眼睛看人，这个动作含有威胁性。
- 在回答问题时，回避眼神的人是不可信的。
- 永远不要说：

  你要忙死了！

  或者你有太多的事要做！

或你已经超负荷了！

或你已经分身乏术了！

除非你真的是忙死了，有太多的事要做，超负荷了或分身乏术了。

- 一边心不在焉地说“嗯……嗯……嗯”，一边发短信并不意味着你参与了正在讨论的事情。

  看着图片分享网上的照片并发出笑声，并不表明你真正参与其中。

  和奶奶视频聊天并不表明你用心地参与其中。

  但这就是你该做的事，而且她真的很感激。

  你的表现应该适度。

  坐直。

  再直点。

  好，现在你站起来。

  再坐下，看在老大的分儿上，要看起来用心专注。

- 永远不要空想，要行动起来，不到黄河心不死！
- 给你的想法预设出三种不同的挑战，并想好答案。
- 在紧要关头陈词滥调也是可以用的。
- 不要把参加社交活动当成收集情报的任务。
- 如果想要在推特上发回复或推文，你要先去右上角的下拉菜单里点击“退出”（不建议发推文）。

- 活力的表现有大有小。

  小的形式包括目光对视、点头、微笑、表露情感、做出反应以及当事情陷入危机时能勇往直前。

  大的形式包括碰拳头和拍手，偶尔还会表现出在会议桌上跳上跳下。

  如果会议提供甜甜圈，你一定要吃一个。

  蛋糕甜甜圈被严重轻视了。

- 要确定你无法忍受的人是否是你的敌人，大声说出那个人的名字。

  如果你对这个人眯眼、挥拳头，那么这个人就是你的敌人。

  如果你对这个人眯眼、挥拳头、讥笑，那这个人就是你的死敌。

  如果你对这个人眯眼、挥拳头、讥笑、抚摸一只白色的猫，那么你的行为就像《007》系列电影里的魔鬼天才，你需要低调点。

- 瞬间的愤怒就像彗星一样有长长的尾巴。

  （数数消气法）数到 10 就可以消气了。虽然有点幼稚，但它奏效。

  数到 20 也可以起作用。需要的时间虽然长些，但它有用。

  数到 30 有点多。

- 握手时上下晃 4 次就足够了，再多的话就像你试图留住人家在等警察来。
- 不要眨眼。
- 不要拥抱。
- 不要一边眨眼，一边拥抱。
- 不在别人面前数落下属。
- 不戴贝雷帽。
- 不发送开玩笑的电子邮件。
- 不发送轻视别人的电子邮件。
- 衣着要讲究些。
- 如果你不感到紧张，那这件事就不值得去做。

附录 4

主要度量衡对照表

8 盎司	1 杯
2 个星期	1 双周
1 个工作日	8 小时
8 小时	时间不足
半杯满	半杯空
2 个傻瓜	1 个笨蛋
!	你能信吗?
! !	说真的，你能信吗?
! ! !	说真的，你能信吗? !
2 秒钟的目光接触	1 个微笑
2 盎司的进取心	1 个勇气
勇气 + 麻烦事	多个勇气
40 秒的电梯里闲聊	天气 + 今天是星期五
60 秒的电梯里闲聊	天气 + 今天是星期五 + “哦，我收到了你的邮件！”
120 秒的电梯里闲聊	被卡住的电梯
2 个“真诚的（祝福）”	1 个“最美好的（祝福）”
4 个“最美好的（祝福）”	1 个“你的（祝福）”
6 个“你的（祝福）”	1 个“我所有最美好的（祝福）”

1个“献上我所有的”	基本上在挑逗
1次挑逗	性骚扰案
1个“我最衷心的祝愿”	无意义
1次推特	0.18次朝窗外尖叫
4次挥手示意	1次握手
1次碰拳	当真?
1次拍肩	0.0000008次加薪
2个人或机构+相同的目标	协同效应
4次协同效应	1次突出表现
1次突出表现	纯属胡扯
1次抬下巴	3次努嘴
鲜亮的一面	1个恶劣的态度+2杯饮料
这本书	血+汗水+眼泪
血	实际上,就是一些番茄酱。明白吗?马上擦掉吧。
汗水和眼泪	就像水珠之类的,没什么大不了的。
1次微笑	1次颠倒的皱眉
4次微笑	1次眨眼
1次眨眼	诡异的表情
7只蝴蝶	一阵自我怀疑
4阵自我怀疑	你需要看医生了。